集英社新書ノンフィクション

戦雲 いくさふむ

要塞化する沖縄、島々の記録

三上智恵

表紙、総扉の装画＝山内若菜。画家。１９７７年神奈川県出身。第８回東山魁夷記念日経日本画大賞入選。動物や生命をテーマにした作品を手掛ける。

プロローグ
「戦雲（いくさふむ）」に包まれゆく島を歩く

反戦トゥバリャーマ「いくさふむ」　作／山里節子

いくさふむぬ　まだん　ばぐィでーくィそー
（戦雲が　また　湧き出てくるよ）
あこーさ　ぬぐりしゃ　にぶみーん　にばるぬ
（怖くて　恐ろしくて　眠ろうにも眠れない）
ゆむいくさ　ならぬ
（憎い戦争　絶対にいやだ）

2016年の石垣島。霊峰・於茂登岳（おもとだけ）の上空を暗雲が覆い始め、ざっと一雨来そうだった。
「撮影を切り上げましょうね」。当時まだ青々としたゴルフ場だった自衛隊配備予定地の撮影を中断しようとする私たちに、案内役の山里節子さんは言った。「こんな空を見ているとね……」重苦しい雲を撫でるように指を動かす。「またあんな目に遭うんじゃないかって思ってしまうの。それを歌にしたりしてるんだけど」。そして彼女は大きく息を吸い、即興で歌い始めた。

石垣島の魂の歌「とぅばらーま（とばるま、とぅばりゃー）」。彼女がその歌い手であることは知っていたが、雨がぱらつく野原でいきなり歌ってくれるとは。高齢の彼女の身体のどこにこんなパワーがあるのか、圧倒的なその声は山や草木を揺らし、大地と共鳴して迫ってくる。

節子さんから大事な母や妹を奪った戦争。「南西諸島防衛」を掲げて島に軍隊が入って来てから日常は激変した。当時8歳だった彼女が見たあの地獄が、またやって来るのでは。自衛隊がミサイル基地を造ったら、島はまたも戦場にされるのではないか。その強い危機感と怒りの叫びを歌い込む「とぅばらーま」を、私は雷に打たれたように立ち尽くして聞いていた。

このシーンは2017年公開の映画『標的の島 風かたか』の一場面になっている。何が何でもこの島に戦争を持ち込ませるものか、と頑張る「いのちと暮らしを守るオバーたちの会」のみなさんはじめ、石垣島・宮古島で抵抗する人びとを取材し、それぞれの信念とパワーに圧倒され、励まされた。南の島々をミサイル発射拠点にしようという国のたくらみなど、跳ね返せるのではないか。悲観的だった私も徐々にそう思い直し、猛然と映画を仕上げ、講演で全国に実情を伝えて回り、また「ノーモア沖縄戦　命どぅ宝の会」という団体を立ち上げ、あれから8年、映画に限らず島々を戦場にしないためにやれることは何でもやってきたつもりだ。

　けれども結果は惨憺たるものだ。この撮影日記を読めば分かるように、あれから宮古島と奄美大島に自衛隊のミサイル基地は完成、先んじて「沿岸監視隊」を受け入れた与那国島にも、来ないはずだったミサイル部隊の配置が決まり、「全島避難」という言葉もささやかれている。

　そして２０２３年３月、ついに石垣島にも自衛隊基地が完成。ミサイルを積んだ不気味な軍用車両がぞろぞろと島を這って陸上自衛隊駐屯地に吸い込まれていった。節子さんは肺の病を抱えながらも声を振り絞って現場で歌い続けたが、ウタの呪力は、届かなかった。いや、先祖から脈々と受け継がれた八重山の反骨の遺伝子は、そう簡単に折れたりあきらめたりはしない。歌を持つ側の可能性を私はまだまだ信じている。けれども、２０２４年を迎えた今、島を覆う戦雲は膨れ上がり、振り払うどころかその濃さを増すばかりだ。

　『標的の島　風かたか』の公開以降およそ6年、私は個人的に細々と取材撮影を続けてきた。

次の映画制作を決断し企画を立ち上げるまでは、カメラマンをお願いする予算はない。だからこれは撮っておかねば、という重大場面には何とかひとりで駆け付けカメラを回した。が、蓄積された映像はいつしか、沖縄県民が追い込まれていく場面ばかり、国防という名の国の圧力に抗しきれずに涙を流すようなシーンばかりになっていた。

頑張っても踏ん張っても、沖縄県と国との裁判はことごとく負け、辺野古の埋め立て土砂は投入され続け、ミサイルも戦車も島に入って来る。敗北の場面を撮られるのは、現場の人びともつらい。カメラを回す方もつらく、見る側もつらい、そんな映画では制作費の回収も難しいだろう。抵抗の現場のダイナミズムを見せるだけのドキュメンタリーは成立しないと思えた。視点を変えて沖縄戦の秘話から軍事化にブレーキをかける映画『沖縄スパイ戦史』（２０１８年公開、大矢英代さんとの共同監督作品）の制作や『証言　沖縄スパイ戦史』（２０２０年、集英社新書）の執筆に没頭したのには、つらすぎる現場から離れたいという気持ちもあった。２０１３年からの５年間に４本のドキュメンタリー映画を次々に公開してきた私も、その後５年間は映画プロジェクトを立ち上げずにひたすら個人でオロオロと現場を回るだけで過ぎていった。

この本に収録した撮影日記は、まさにそんな葛藤の日々の記録でもある。国防を理由に島の生活が捻じ曲げられ、悲鳴を上げる人たちを撮影し話を聞く行為は、ひたすらつらく、自分の無力さを責める時間でもあった。高江も、辺野古の基地建設も止められない。自衛隊ミサイル基地の建設も止められない。ならば私のやってきた報道もドキュメンタリーも、何の役にも立たなかったということなのか？　そんなに敗北感にまみれて苦しい苦しいというのなら、もう廃業して家にこもっていればいいのでは？と自分に言ってみる。それでも迷いながらノコノコと現場に通っては身もだえし、立ちすくんで、冷静な撮影すらできない自分がいる。「何がしたいの？　まだ何かできると自分を買いかぶっているのか？」と内なる冷たい声が響く。

転機は2023年2月のある上映会だった。私の過去作品をすべて自主上映してくださっている長野の団体が、インターネットサイト「マガジン9」で連載している沖縄撮影日記にすでにあがっている動画5、6本を見る会を催してくださった。新作が出せていなくて申し訳ない気持ちで参加したのだが、1時間ほど見終わると、五臓六腑が締め上げられたような耐え難い苦痛に襲われた。もちろん、自分で編集したのだから熟知した中身なのだが、まとめて見ると状況の悪化のすさまじさが際立つ。すると会場でも異変が起きていた。「まさか沖縄がこんなことになっているとは……」とマイクを持った参加者が次々と涙を流し、嗚咽し言葉を失う人もいた。会場は衝撃に沈んでしまった。

私は、目からうろこが落ちる思いがした。この間、ひとりで撮影してきた映像は、つなげたらここまで、大の大人を次々に泣かせてしまうほどの破壊力を持つのか。実際、国の平和が瓦解するような重要な出来事が、その情報が、全国に伝わっていない。沖縄だけの話にされたまま、人びとの手の届くところに映像がない。誰かがそれを置きに行かなければならないのだ。なのに、その映像を持っている私はいったい何をしているのか。

沖縄報道生活30年の自分の敗北感とか、次作映画のクオリティ云々（うんぬん）は、もはやどうでもいい。ただひたすらに大事な動きを世の中に伝える、その地を這うような仕事から逃げるな、と自分に活を入れ直した。その直後、私はこの時の素材をベースに、新作の番外編として「スピンオフ」（45分）を編集、無料で公開すると宣言し、配給会社東風さんに頼み込んで上映会の窓口になっていただいた。すると、無料ということもあって瞬く間に全国に広がり、上映会は100件を超えた。その、「本編」より先に出た「番外編」に引っ張られる形で「本編」を2024年3月に公開することが決まった。

この本には、2017年以降、湧き出す戦雲に抵抗する人びとがどんな時を刻んできたのかが詰まっている。そして、ひとりでカメラを持ってさまよった日々のやり場のない思いも、行間に落ちている。もし読者のあなたが、あの時私と一緒に現場でそれを見ていてくれたら。隣にいてくれたら、行き場のない思いはあなたに拾ってもらえたのだろう。今からでも遅くはない、この本で私の見てきたものを追体験していただき、共に目撃者になり、今という歴史を背負う当事者になってもらえたら。そう考えると、何か温かいエネルギーが湧いてくる。

映画とは別に、本にまとめる意味。それは、今からでも読者を巻き込み、みなさんの力も合わせて戦雲を蹴散らすエネルギーを増幅させたい、共に雲間の光を押し広げていきたいという願いに尽きる。走りながら現場でぐるぐると考えたことを書きつけた日記は、読み返せば我ながら味くーたー(濃い味)で読みづらい文章だが、伴走者となってどうか最後までお付き合いいただければ幸いである。

本書の内容は「マガジン9」(https://maga9.jp/)に連載された「三上智恵の沖縄〈辺野古・高江〉撮影日記」(2017年1月~2023年3月)を抜粋、加筆したものです。連載時に掲載された動画リポートは同サイト上で視聴可能です。各章の冒頭に、動画にアクセスできるQRコードを付しましたので、スマートフォンなどで読み取ってご視聴ください。本文中の情報、肩書きなどは基本的に掲載時点のものです。

目次

＊文中写真は著者提供

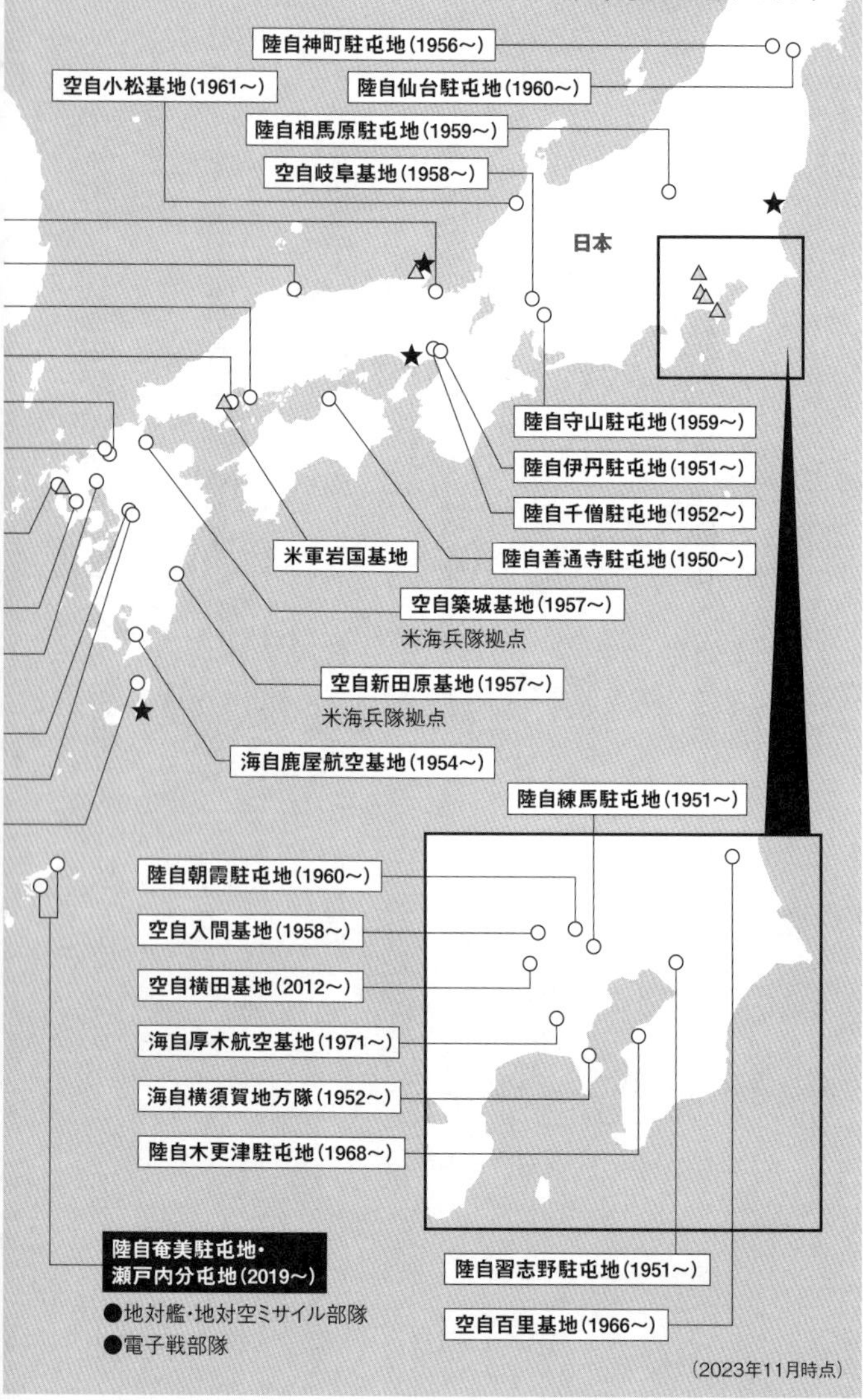

軍事要塞化する日本
陸自神町駐屯地(1956〜)
空自小松基地(1961〜)
陸自仙台駐屯地(1960〜)
陸自相馬原駐屯地(1959〜)
空自岐阜基地(1958〜)
日本
陸自守山駐屯地(1959〜)
陸自伊丹駐屯地(1951〜)
陸自千僧駐屯地(1952〜)
米軍岩国基地
陸自善通寺駐屯地(1950〜)
空自築城基地(1957〜)
米海兵隊拠点
空自新田原基地(1957〜)
米海兵隊拠点
海自鹿屋航空基地(1954〜)
陸自練馬駐屯地(1951〜)
陸自朝霞駐屯地(1960〜)
空自入間基地(1958〜)
空自横田基地(2012〜)
海自厚木航空基地(1971〜)
海自横須賀地方隊(1952〜)
陸自木更津駐屯地(1968〜)
陸自奄美駐屯地・
瀬戸内分屯地(2019〜)
●地対艦・地対空ミサイル部隊
●電子戦部隊
陸自習志野駐屯地(1951〜)
空自百里基地(1966〜)
(2023年11月時点)

攻撃対象となる軍事施設
○ 主な自衛隊基地　△ 主な米軍基地
★ 米軍Xバンドレーダー・準天頂衛星システム管制局

朝鮮民主主義人民共和国

大韓民国

中華人民共和国

上海

台湾

海自舞鶴航空基地（2001〜）

空自美保基地（1958〜）

海自呉地方隊（1954〜）

海自岩国航空基地（1957〜）

空自春日基地（1959〜）

陸自福岡駐屯地（1950〜）

海自佐世保地方隊（1953〜）

佐世保・陸自相浦駐屯地（1955〜）
水陸機動団

海自大村航空基地（1957〜）

佐賀空港
陸自オスプレイ（予定）

陸自北熊本駐屯地（1956〜）

陸自健軍駐屯地（1954〜）

空自馬毛島基地（仮称／建設中）
FCLP・兵站拠点（予定）

陸自那覇駐屯地（1972〜）
●第15旅団司令部
●陸自電子戦部隊

空自那覇基地（1972〜）

海自那覇航空基地（1972〜）

陸自宮古島駐屯地（2019〜）
●警備部隊
●地対艦・地対空ミサイル部隊
●保良弾薬庫

陸自石垣駐屯地（2023〜）
●警備部隊
●地対艦・地対空ミサイル部隊

陸自与那国駐屯地（2016〜）
●沿岸監視隊
●電子戦部隊（予定）
●地対空ミサイル部隊（予定）

陸自沖縄訓練場（2009〜）
●弾薬庫・補給処

陸自勝連分屯地（1973〜）
●地対艦ミサイル連隊本部（予定）

沖縄自衛隊関連年表

年	月	出来事
1967	9	復帰後の沖縄防衛について日米で検討開始
1969	11	屋良朝苗琉球政府主席　自衛隊配備反対表明
1970	8	沖縄県祖国復帰協議会　自衛隊進出を阻止する方針
1972	4	返還後の沖縄に自衛隊配備が決定
	10	那覇　陸自駐屯地・空自基地開設
		「自衛隊強行配備反対　県民大会」開催
	12	海自臨時沖縄航空隊、領海侵犯措置を開始
1973	5	米軍ミサイルサイトなどを引き継いで勝連分屯地開設
2007	5	掃海母艦ぶんご、辺野古に派遣
	6	与那国島祖納港に米掃海艇入港 在沖縄総領事ケビン・メア「有事の拠点になる」と報告
2008	1	「与那国防衛協会」発足　自衛隊誘致活動が本格化
2010	2	エア・シー・バトル構想、米議会に提出
2011	9	与那国島へ陸自沿岸監視部隊配備を決定
2012	9	与那国島　住民投票条例否決
		日本政府が尖閣諸島国有化
2014	4	与那国島　陸自駐屯地着工
2015	2	与那国住民投票　陸自配備に賛成多数（賛成632　反対445）
	5	奄美大島・沖縄本島・宮古島・石垣島に陸自ミサイル配備計画発表
2016	3	**与那国島　陸自駐屯地開設**
		安保関連法施行　集団的自衛権行使可能に
2018	12	辺野古への土砂投入を開始
2019	2	県民投票で辺野古埋め立てに７割超が反対
		ＥＡＢＯ（遠征前方基地作戦）、米軍が正式に発表
	3	**奄美大島・宮古島に陸自駐屯地開設**
2020	3	**宮古島　陸自駐屯地にミサイル部隊配備**
2021	6	重要土地規制法が成立
	8	うるま市勝連分屯地　地対艦ミサイル連隊本部創設、報道
	11	宮古島・保良の弾薬庫にミサイル搬入
2022	11	日米共同統合演習「キーン・ソード23」　民間港である中城湾港を使用 与那国島に16式機動戦闘車　県内で初めて走行
		与那国島でミサイル避難訓練
	12	安保３文書を決定　軍拡路線・敵基地攻撃能力保有を明記 南西諸島が戦略拠点・最前線になることが明確化
2023	1	那覇市でミサイル避難訓練
		馬毛島の自衛隊基地着工
	2	離島防衛を想定した自衛隊と米軍の共同訓練　日本で初実施
	3	**石垣島　陸自駐屯地開設**　ミサイル搬入
	4	与那国・石垣・宮古島に北朝鮮衛星発射に備えPAC3展開、以降常駐状態
	9	石垣島に米軍掃海艦寄港　石垣空港にオスプレイ緊急着陸
	10	石垣島　陸自のオスプレイ、民間空港で訓練

1

ウタの呪力について——辺野古海上工事再開

２０１７年２月15日

先週から、見たこともない巨大な海底ボーリング作業船「ポセイドン」が大浦湾にやって来て、辺野古の海は戦場の様相に逆戻りしてしまった。

大きな台船２隻には、コンクリートブロックが山のように載せられている。これから数カ月間はおびただしい数のトンブロックが、毎日あの美しい海に投下されるのだ。

辺野古の海に基地を造ると決まった１９９７年から、辺野古のおじい、おばあたちが座り込んで止めてきたのを最初から見てきた私としては、この光景はとてもではないが正視できない。すでに鬼籍に入った方々に申し訳ないし、子孫にこの海を潰して手渡すなんて、耐え難い。20年命がけで建設を止めてきたのに、ついに目の前で海が壊されていく。

２０１４年11月。保革を問わず、イデオロギーも今回だけは度外視して、沖縄県民は辺野古の基地建設に反対する意思を示そうと翁長雄志知事を誕生させた。沖縄県政史上初のオール沖縄体制で、圧倒的な支持を集めた知事の誕生。それは政府の方針と反するものではあるが、沖縄県民の生活と安全を守るためにはそれしかないという県民の選択だった。さらにその直後の衆議院選挙でも、県内すべての選挙区で、辺野古の基地建設を容認する自民党現職が議席を失う。重ねて示されたこの民意を受けて、翁長知事は辺野古の埋め立て承認を取り消した。

日本にある米軍専用施設のおよそ7割を負担する沖縄県が、市街地の中にあるがゆえに世界一危険といわれた普天間基地だけは返して欲しいと声を上げたとして、それは大それたことだろうか。普天間が消えても、基地負担はそのうちの1・8%しか減りはしない。それなのに、さらに大きな軍港まで備えた新基地建設が、絶対の交換条件につけられるのはあんまりではないか。これからも7割もの基地を沖縄は引き続き負っていくというのに。

やみくもに「抑止力」という概念にすがりたい人びとがこの国に大勢いる。思考を停止して、刻々と変化していくアメリカの戦略や海兵隊の役割を学ぶことを怠って、「よく分からないけど、沖縄の負担を1ミリでも減らしたら自分たちは不安なのだ」と主張する。そして政府は「翁長知事が埋め立てを認めないのは違法だ」として知事を司法機関に訴え、2016年末、最高裁で勝ち、知事の手続きは無効化された。それによって、即座に辺野古の新基地建設工事は再開され、翌2017年2月初めから辺野古の海上は海上保安庁の船、監視船、大小の作業船と抗議の船やカヌーチームも入り乱れて、またまた悲しい闘いの場に戻ってしまった。

ゲートの前では、この作業に必要な資材や重機や人員を少しでも搬入させないよう阻止行動が本格化した。先週から水曜、木曜に集中して阻止行動が展開されている。参加者が400人もいたら機動隊も排除の「ごぼう抜き」をあきらめてくれる。しかし人数が少ない日はあっけなく排除され、基地建設作業を止めることなどできない。それでも、1時間でも座り込みで遅らせることができたら、海の阻止行動は少しでも楽になる。2月の沖縄の寒さの中、海に出て行く仲間たちのことを思えば、陸にいるのだから這いつくばって必死に抵抗し続けるしかない。

その座り込みに初めて参加するという石垣島の女性の姿があった。女性は山里節子さん。『標的の島 風かたか』の石垣編の大事な主人公のひとりであり、自衛隊配備に反対するおばあたちのグループの中心的な存在だ。

節子さんはごぼう抜き経験者だ。世界有数のアオサンゴ群落で知られる石垣市白保(しらほ)の海に新空港が建設されるという計画に、白保の人びとは長く激しい反対運動を展開した。節子さんはその中にいた。「権力者どもが庶民のささやかな生活を潰し、野心家どもが先祖の土地を売り渡す。彼らの手に委ねていたら島の生活は奪われ、戦争への道がまた開かれる」。節子さんはよくそんな風に話してくれる。彼女は覚悟を持って辺野古・高江を見つめてきた女性だ。

彼女には、ほかの人にない大きな武器が1つある。胸にあふれる想(おも)いや覚悟や怒りをエネルギーに換えて外に発散し、人の心を射抜く力さえ持つ、歌の力を身に付けていることだ。それは八重山地方の宝である「とぅばらーま」という歌のことだ。『標的の島 風かたか』の中で、ロケ中に彼女が突如歌い出すシーンがある。石垣の言葉だからその場では半分しか分からなかったが、歌にこんな力があるのか、と圧倒された瞬間だった。

うまいから聞かせる、楽しむために歌う、そのどちらでもなく、場を盛り上げるとか心をひとつにするとかでもなく、相手がひるむような歌の威力というのがあるのだということは、民俗学を学ぶ中で奄美の歌の報告を読んで知ってはいた。テレビもラジオもない時代、夕食後の楽しみはもっぱら歌であった時代。他島(たしま)（別の集落）まで出かけて行って歌で交流するのが最大の娯楽だった。中には、歌勝負が昂(こう)じて相手を威圧し、エネルギーを奪ったり、歓迎されないことではあるが、相手を呪うような歌の技もあったという。まさに精神文化の深淵(しんえん)に漂う言葉やウタの持つエネルギーというのは、底なしの宇宙を持っていたのだと思う。研究報告書でしか知らなかったそんな力の一端を、節子さんの歌に感じたのは、彼女と自衛隊配備予定地に立った2016年の2月のことだった。

その節子さんが1年経(た)って、辺野古の闘争現場にいる。なんとも不思議な日だった。動画で紹介しているが、彼女が不当な長期勾留が続いている山城博治(やましろひろじ)さんへの想いをとぅばらーまの形で披露した時、島袋文子おばあがひときわ大きな拍手をし、合いの手を入れていた。節子さんの歌がたいそう気に入ったようだった。夕方、自宅を訪ねた時おばあは言った。

「石垣の方、節子さんね？　あの歌は本物だよ。あれはすごい。誰もができるものではない」

とぅばらーまは八重山地方の歌で、沖縄本島の民謡とはかなり趣も違っているので、プロであっても八重山の人でなければ、とぅばらーまだけは頼まれても遠慮するくらいだ。だから私は、「おばあすごいね、八重山のとぅばらーまも分かるんだ」と言ったら拳を振り上げるフリをした。

「あんたは、誰にものを言ってるの。とぅばらーまを知らないはずないでしょ！　私はあの人が言うのは全部分かったよ！」

文子おばあは無類の歌好きである。小学校にも通えず27歳まで字が書けなかったというが、古い歌の歌詞を今でもたくさん覚えている。記憶力は抜群にいいのだ。若い時から即興で歌を掛け合う「歌掛け」の世界で楽しんできた粋な人で、夫の三線(さんしん)で夜な夜な夫婦で歌遊びをしていたことがとても幸せな記憶としてあるようだ。彼女と1日一緒にいると、うちなーぐちの歌のフレーズやことわざが必ずひとつふたつ出てくる。どういう意味?と聞くと、毎回丁寧に教えてくれる。それは、言葉を習うだけでなく、美学や哲学を習うに等しく、去り行く世代から未来へのとても豊かな贈り物である。ちゃんと落ち着いて筆記で残したいといつも思うが、私の民俗学者としての仕事はこのところずっと中途半端なままだ。

節子さんがゲート前で即興で披露した歌はこれだ。私に訳させてもらえばこうなる。

(勾留が続くリーダーの)山城博治さん
彼が体現しているのは沖縄の真心である
彼を罪びとに仕立て上げ　捕えるなんて
私は絶対に許すことができない
天の神さまも　お許しにはならないでしょう

この日、2回目のトラックの列がやって来た。排除が続いている横で、文子おばあは堂々と

左から当山佐代子さん、島袋文子さん、山里節子さん

道の真ん中に歩み出て、先頭のトラックの前に立ちはだかった。沖縄県警が「道路交通法違反ですよ」とたしなめると「そうだよねえ。あの車。あれはどうなの。あんたたちの車は交通違反だよね！」と切り返しその場を動かなかった。文子さんより8歳年下の節子さんは心配そうに寄り添っていたが、2人は機動隊員につかまれて歩道の方に排除されていった。その時に、また節子さんの歌が私の耳に届いた。

「あなたはなんなの？　メディアなの？　歩道から撮って！」

その瞬間、私も警察官に押され、反対側に追いやられた。その間、節子さんは歌い続けていたのに、轟音(ごうおん)でうまく撮れなかった。くやしい。でも、周りの警察官は歌い始めた節子さんを歩道まで押していくことはできなかった。さっきまでのように触れなかったのだ。彼女の叫ぶ歌が、相手をフリーズさせていた。

後で聞いたら、文子おばあと隣にいた辺野古に住む当山佐代子さんが、「同じ沖縄の血が流れているのではないのか？」と言ったのを聞き取り、即興で歌にしたそうだ。撮りたかった。歌が生まれる瞬間を近くで撮影して、みんなに紹介するのが私の役目なのに、くやしい。


言葉は呪力。ウタもまた然(しか)り。

言葉が現実を引き寄せる。祭りが予祝の言葉であふれているのは、その力がれっきとして存在することをいにしえびとが体感していたからにほかならない。来る年の豊年を祝うことでまだ見ぬ未来の恵みが約束される。弥勒世(みるくゆー)（弥勒(みろく)さまがもたらす豊かな時代）がやって来る、とみんなの夢を見る力を唱和し、合わせて、束ねて天に響かせることで、強い力が豊穣(ほうじょう)を引き寄せてくるのだ。その力で「やすぃんざ（野心家・権力者ども）」のたくらみを跳ね返すこと、少なくともたったひとりで歌っても相手をフリーズさせるくらいの力があることは、おととい、私が、ゲートの前でこの目で、見た。

2

ヒロジを返せ！　県民大集会

2017年3月1日

「ヒロジを返せ！　ヒロジを返せ！」

裁判所の職員が制止するのを振り切って数百人が敷地になだれ込んだ。

「代表だけにしてください！」「プラカードはダメです！」

しかし、集会参加者の熱を抑え込むことは、もうできなかった。

2月24日。那覇地方裁判所前で開かれた山城博治さんら3人の即時釈放を求める大集会で、那覇地裁の阿部正幸所長あての即時釈放を求める抗議文が決議された。代表がそれを提出するために裁判所の敷地に入っていく時のことである。

集まった人びとの想いは強く、沖縄県警もなす術がない。裁判所の玄関を埋め尽くした人びとの歌「今こそ立ち上がろう」を聞いているしかなかった。右奥の建物には、沖縄の平和運動を牽引してきたリーダー・山城博治さんが勾留されている。もう4カ月も、家族に会うことさえできぬまま、手紙も受け取れない、人権を侵された状態で囚われの身となっている。

でも、この日は1000人を超える人たちのシュプレヒコールが、冷たいコンクリートに囲まれた空間にも届いただろう。博治さんは自分で作詞した「今こそ立ち上がろう」の合唱を聞いて、3畳の部屋でむせび泣いていたかもしれない。参加者の目にも涙があった。「ヒロジ」と書かれたプラカードが空につき上げられ、那覇の街に響く。「我らのリーダーを返せ!」の声は長い列となって、重い冬曇りの国際通りを練り歩いた。


高江の山で1本千数百円しかしない有刺鉄線を2本切った。それで数カ月にわたり逮捕拘束された例がこれまであるだろうか。器物損壊といってもごく微罪である。その後、辺野古のゲート前にブロックを積んだこと、防衛局員を揺さぶってケガを負わせたこと、いろいろ合わせて威力業務妨害と傷害容疑だという。証拠隠滅もできない、逃亡の恐れもない博治さんを4カ月も勾留するに足る正当な理由などまったく見当たらない。代用監獄制度といわれても仕方がない。国内だけでなく海外からも日本の後進的なシステムに抗議の声が上がった。

だが最高裁は保釈を認めなかった。人権の最後の砦であるはずの司法は、またも沖縄のためには機能しなかった。これは明らかに、国の方針に背く表現などは認めませんよ、反対運動するとこうなりますよ、という表現行為の萎縮を狙った見せしめ行為に裁判所がお墨付きを与えたも同然である。

「アノヒトタチ、無責任だわ。中国が攻めてきたらどうするの？」と沖縄の基地反対運動を白い目で見る人びとが増えているようだが、中国の脅威より先に、一人ひとりの人権が守られない国になっている恐怖になぜ鈍感でいられるのだろうか。国の都合で人権が奪われても仕方がない人がいる、などということを認めてしまったら、どれだけ恐ろしい社会が復活してしまうのか想像できているだろうか。


博治さんは稀有なリーダーである。よく泣く。人前でわんわん泣く。怒鳴るし怒るけど、豪快に笑う。すぐ踊る。大衆の抵抗運動を指揮する軍師としての才能は、いうまでもない。非暴力でありながらひるまずに工事を止める作戦を次々と編み出して、ケガ人も逮捕者も極力出さない中で、継続可能な抵抗の形を維持する。何よりも、圧倒的に不利な状況にある時にこそ、「今日はこちらが勝っているぞ！　なぜなら……」と意気消沈する仲間を鼓舞する天才なのだ。小さな勝利を見つけるのがうまくて、小さな勝機を最大限に活かす。一緒にいると、もっと頑張れるという気持ちを全員が持てる。明日も来ようという楽しさまで生まれてくる。

その中でも、私が博治さんを突出したリーダーだと思うのは、常連であれ初心者であれ、地元からだろうと本土からだろうと、来てくれる人たちをまったく分け隔てなく大切にすることまやかさだ。名前を覚える。役割を与える。短気で怒鳴った時でも、あとで必ず頭を下げ、言い過ぎた、と言う。何より「同じうちなーんちゅだろう?」という姿勢で沖縄県警にも防衛局員にも、警備のアルソックの人にも話しかける。対立しながら、本当の敵はお前たちではない。こっち側に来たかったらいつでも大歓迎だ。電話してこい!と携帯番号も叫ぶ。そんな博治さんだから、悪性リンパ腫で入院生活に入る時にも、いつもは激しくぶつかり合っている沖縄県警のなじみの警官たちが心配して駆け寄ってきた。

「新聞で読んだよ」「知らなかったよ」

中には肩に手を当てて、一刻も早く良くなって。また戻って来られるように……と言ってくれた警官もいた。6月23日の慰霊の日に合わせて、博治さんが抗がん剤治療のスケジュールの合間に、入院先から一度ゲートに戻った日に私はカメラを回していた。頭に毛がなくなり、マスクをして、両脇を抱えられるように歩く博治さんだったが、ゲート前まで来ると県警の3人が近づいてきた。

「元気そうだね……」「うれしいような。難しいね」と言って笑い合っていた。「高江からだから、もう長いもんな。情が移らないと言ったら、嘘になるよな」。そういう博治さんもうれしそうだった。名護署員だったと思う。サングラスをしている警察官はこう言った。

「元気になってから、また、お互い暴れましょう」

私は15年博治さんを見てきて、彼のことはよく知ってるつもりだ。でも今、モザイクをかけ、意図的に編集した、携帯で撮影したレベルの博治さんの動画が流布され、辺野古の過激派リーダーという虚像がつくり上げられている。

映画『標的の村』（2013年）、『戦場（いくさば）ぬ止み（とうどう）』（2015年）、いずれを見ていただいても、リーダー山城博治の魅力は伝わると思う。続く『標的の島 風かたか』も、さらに人間臭い博治さんの姿が見る人の心を捉えるだろう。それでも、世の中の人たちが「ニュース女子*」のような番組を見て基地反対運動を切り捨てていく現象に歯止めがかけられない、追い付かない、と焦りが募る。

「ヒロジを返せ」と裁判所前でアピールする人びと

私は考えた。ひとつ、私にできることとして、博治さんの魅力を25分にまとめたVTRをつくった。そして、DVD『戦場ぬ止み』の特典映像とした。すでにこの映画を見た人でも、未公開映像『不死鳥 山城博治』を見るために、また手に取ってくれるかもしれない。DVDなら、自宅でゆっくり何度でも見ることができる。誰かにあげることもできる。そういう場所に、ちゃんと正面から博治さんを捉えた映像を、置いておきたかった。そこには、入院する前のゲート前最後の日の映像から、退院して歌と踊りで迎えられた2015年9月20日の復活の日、正月の大演説まで、人間・山城博治の名シーンが詰まっている。私たち映画スタッフから博治さん救済のためにできることはこんなことしかないが、最大の愛を込めてつくった。

どんな想いで基地建設に反対しているのか、どんな人たちが毎日踏ん張っているのか。日当をもらっているとか、外国人ばかりとか、デマを信じ込まされる前に、映像を見て欲しい。

＊ 2017年1月に東京メトロポリタンテレビジョンで放送された「ニュース女子」という番組の中で、沖縄の反対運動には日当が出ているとか救急車を止めたなどのデマが流され、BPO（放送倫理・番組向上機構）は「重大な放送倫理違反があった」と指摘。また、人権団体「のりこえねっと」共同代表・辛淑玉さんが提訴した裁判では制作会社に損害賠償の支払いを命じる判決が2023年4月に確定している。

3

山城博治さん　5カ月ぶりに保釈

２０１７年３月22日

２０１６年10月17日、高江で突如逮捕されたリーダーの山城博治さん。博治さんの１回目の公判は３月頃と聞いて、まさかそれまでずっと勾留してるつもりなのか？と耳を疑ったが、その通りになった。遅すぎた裁判。この間に高江のヘリパッドは完成し、オスプレイは落ち、辺野古の工事は再開した。抗議行動の主要メンバーを幽閉している間に工事を進めてしまおうという政府の魂胆だ。

自分が身体を張って守ってきた事柄が、どんどん悪い方に進んでいくのを塀の中で知る日々は、きっともがき苦しむようなつらさだっただろう。我々外の世界にいる者も、面会できないどころか、手紙さえ届けてもらえなかった。会えないので、留置場や拘置所の建物の下でほぼ毎日のように仲間が歌を歌い、励ましつつ過ごすしかなかった。会うこともできないという意味では、おととし、悪性リンパ腫で５カ月間入院していた時より酷（ひど）い状況だ。

裁判の日、傍聴券は限られているが、一日博治さんに会いたいと、朝から大勢の県民が列をつくった。そして裁判が始まると、いつも博治さんと現場で歌っていた歌を、法廷まで届けと言わんばかりに裁判所の周りで大声で歌い、応援しながら待った。傍聴した法廷の様子を語る北上田毅(きたうえだつよし)さんは、いつも冷静で、博治さんのブレーン的な役割を担ってきた人物。でも、5カ月ぶりに再会した博治さんの様子を語る時だけは、珍しく涙ぐんでしまい、みんなももらい泣きをした。

ところがこの裁判の翌日、突如接見禁止が解かれて、博治さんは400通あまりの手紙を受け取ったという。感激にむせび泣いていると、急遽(きゅうきょ)、夕方になってから保釈があるかもしれないという。そしてついに土のついた長靴とジャージというでたちで、博治さんは待ちわびていた県民の前に現れた。送られてきた本や手紙がぎっしり詰まった段ボールを抱えて、痩せて一回り小さくなったような博治さんが満面の笑みを浮かべて拘置所の出口から歩いてきた。そして真っ先に、妻の多喜子さんを抱きしめた。

この瞬間をみんながどれだけ待っていたことか。

今回は特に、文章よりも動画を見て欲しい。博治さん不在の間に、あらゆるヘイトスピーチがさらに横行して、山城博治は、過激派のプロ市民で沖縄県民が迷惑しているという、事実とは真逆の記事がバンバン出ていた。嘘も１０００回言えば本当になるという恐ろしい時代を私たちは生きている。しかし、事実はちゃんとその目で見て欲しい。この会見の様子、裁判中の外の様子を見て欲しい。これだけ大衆に慕われる博治さんの人間像を見て欲しいのだ。ネット上でちまちまと凶悪な「山城博治」像を捏造している人間も、反対運動を憎む政府側の組織の人も、あなたたちが逮捕されたらこれだけの人が声を上げてくれますか？

権力者が持っていない財産を、沖縄の人びとはまだまだ持っている。どんなに過激な沖縄へイト集団であっても屈服させることができない尊厳が、こちら側にはあるのだ。私はそれを伝える側で良かった。悪口やデマでアクセス数を稼いだり、視聴率を稼いだりする仕事でなくて良かった。正々堂々と沖縄県民が抵抗する姿、自由と平和を求めて立ち上がっていく姿にカメラを回しているだけで、日本中、いや海外からもその映像を見せて欲しいと言ってもらえる。沖縄県民はこうして歴史に残る弾圧に耐え抜いたリーダーの保釈の瞬間を迎えた。

4

〝過激派リーダー〟の素顔――博治さん石垣へ

2017年6月21日

3月末、映画公開のプロモーションで各地を飛び回っていた私が那覇空港に着いた途端、携帯が鳴った。電話の主はこう言った。

「三上さん？　おかえりー。到着遅れたね。空港のA&Wにいます」

聞き慣れた声だった。5カ月の勾留から解放されて間もない反基地闘争のリーダー、山城博治さん本人だ。空港に来ているって、何でこの便で帰ると分かったのだろう？　それより、半年近く実物と会ってないのだから、保釈後は自分の方から飛んで行きたい気持ちだったところを、博治さんの方から迎えに来てくれたとは。ご家族と一緒に那覇に出るついでがあったからなのだが、このサプライズに飛び上がってハンバーガー店に急いだ。

一回り小さくなった顔、日焼けとひげというトレードマークがなくて、すっきりとした公務員時代のような若々しい表情の博治さんにちょっと戸惑った。ニコニコと目じりを下げて握手を求め、「相変わらず忙しいね。目が真っ赤だね」といつものように気遣ってくれる。

本当に、解放されたんだ。映画の編集と仕上げの怒濤(どとう)の日々に、主人公が投獄されていること、どんなに胸が張り裂ける思いで編集をしたか。完成後も不当勾留が続き、どうやったら博治さんを救えるのかを考えて、『戦場ぬ止み』のDVD用の短い特典映像を制作し、それこそ泣きながら編集したこと、前の映画も公開の時には入院していて舞台あいさつもお願いできなかったけど、また今回もそうなってしまったという無念さとか、もういっぱい想いを訴えたかったけど、ご夫婦でニコニコ笑って座っている姿を見たらもう、言葉が出てこなかった。

その席で博治さんは意外な話を切り出した。

「ぼくは拘置所でもたくさんの本を読み直したりして、ますます宮古・石垣の自衛隊配備の問題、これは大変なことになるんじゃないかと危惧している。（保釈中は）辺野古の現場に行けないという制約が付けられた。それならこのチャンスに先島(さきしま)（宮古群島・八重山諸島）に行きたい」

すでに宮古島と石垣島での『標的の島 風かたか』の上映は終わっていた。でも、4月末には石垣市民会館での自主上映がある。その時に軍事ジャーナリストの小西誠さんも石垣、宮古と回るので私も行くつもりだと伝えると、「よし、一泊二日なら裁判所も許可するのでそれで行こう」と即決。二泊以上だと逃亡の恐れありということで裁判所から認められないそうだ。

さっそくその場で石垣島の山里節子さんに電話。彼女は素っ頓狂な声を上げて、電話口で泣きながら喜んでいた。節子さんは博治さんが勾留中に名護署の下でマイクを握って応援演説したり、辺野古座り込みの現場で「博治さんの解放を求めるとぅばらーま」を歌ったことは、以前にも紹介した。今回の動画でも、最後に本人を前にしてその「綱解きとぅばらーま」を歌うシーンがあるのでぜひ最後まで見て欲しい。

そうして、一泊二日で石垣と宮古を回る博治さんとの旅が決行された。

私は長いお付き合いなので、山城博治さんという県の職員が沖縄平和運動センターの中心人物になって、「ミスター・シュプレヒコール」と呼ばれ、現場になくてはならない存在として人気者になっていく過程を、15年ほどずっと面白く見つめてきた。しかし普段は腰の低い、気遣いのこまやかな、公務員らしい常識人として過ごしていたのも当然知っている。

しかし私は反省すべきなのかもしれない。私が切り取って世に出してきた場面といえば、タオルを挟んで帽子をかぶり、機動隊相手に拳を上げて現場を指揮する雄々しい姿。怒りで激高、慟哭（どうこく）し、国と対峙（たいじ）する沖縄のリーダー像として迫力ある彼の姿ばかりを選びすぎた。

沖縄バッシングが大きくなると同時に、「過激すぎる反対運動」とレッテルを貼りたい人たちが、博治さんの人物像を捻じ曲げていく。「過激派リーダー」「テロ行為」「県民も迷惑している」云々。そのイメージ操作に利用されかねない場面を私たちが提供してきたとしたら、それは多大な迷惑をかけてしまったとしか言いようがない。

実物の博治さんはそんな移動続きで疲れているであろう飛行機の中でも、シートベルト着用サインが消えるとニコニコと私の隣の席に移動してきて遠足のように楽しんでいる。本当は眠りたいのに気を遣ってくれているのか、根っから人なつっこいのか。現場から引き離されてしまったからこそ、穏やかでいたずらっぽい、元来の人柄にあらためて接する時間があって、「ああ、こういう面こそ伝えないといけないんだなあ」と痛感した。

石垣島は、彼の思い入れの強い場所だった。八重山支庁に2、3年勤務して博治さんが税金の徴収の仕事をしていた頃、まさに今自衛隊基地建設が予定されている於茂登岳のふもとの開墾地に入った時の話を、空港で私に打ち明けてくれた。

「そこには税金の話をしに行ったんだけれどもね、家畜小屋と家族の生活が一緒になっていて、どの農家もかなり苦しい様子が見て取れてね。話を聞くと、米軍に土地を奪われて沖縄本島から来た人たちが、必死に土地にしがみついて踏ん張っていた。とても税金の話なんてできずに市街地に戻った。すると娘さんが追いかけてきてね、『あなたはもしかして税のことでいらっしゃったのでは。払わないというつもりではないんです』と悲しそうに話されて、いえ大丈夫ですよと言った。胸が詰まる思いだった。あの地域の人たちが、また今度は自衛隊の基地で居づらくなるなんてことは、あってはならないよね」

当時彼が訪ねた集落が、今現在、全員が自衛隊基地建設に反対している於茂登集落かどうかは記憶があいまいだそうだが、そのあたりに行ってみたいというので、元公民館長の嶺井善(みねいまさる)さんの畑を訪ねた。お互いを映画で見ました、というぎこちないあいさつのあと、2人の話が訥々(とつとつ)と続き、心が通い合っていく様子がよく分かった。博治さんも農家の生まれだからこそ、土地に向き合って生きる人びとの肌合いがよく分かるのだろう。

「安全保障について真剣に話し合うというならやる価値はある。でも推進派は、商店が儲(もう)かるとかそんな話ばかり。目の前の小銭のために、子孫に笑われ先人の方々に馬鹿にされるようなことはできない」。きっぱりとそう言う嶺井さん。同じ娘を持つ父親同士、那覇の大学に進学した娘さんの話になり、「寂しくなったでしょう」という博治さんに対して、嶺井さんは照れながらも「いつでも帰って来られるよう、こちらはいい環境を残しておきたい」と話した。

素朴な、ごく当たり前の父親の想い。農地を磨き上げてきた農民の、先祖から子孫へ渡す大切な土地。それがこの土地をこのままで守り抜くことなのだ。「国防」の名のもとに、かけがえのない暮らしが切断されるかもしれないという恐怖が、突如ここに舞い降りてきたことを私は呪う。

今はすっかり豊かな農地になった「自衛隊配備予定地」を前にして、博治さんはこう言った。

「ぼくが石垣にいた頃に市長だった大浜長照(ながてる)さんは、こんなことを言ってた。国家が国境の海に緊張をもたらしても、我々国境の島々は、緊張の海を平和の海にしなければ生きていけない。

国はどうあれ、私たちの島は戦争のトゲは用意いたしません、限りなく友好を求めて平和を願う者です。我々のリーダーがそう発信すれば、それは対岸の国に届く。こちらが構えれば、あっちも構える。緊張の海をつくり出してはいけない」

だからこそ今、沖縄県のリーダーは、一大出撃基地になってしまう辺野古の新基地建設には反対をしている。県土を軍事要塞化されたらあとがない。そうであれば、辺野古だけではない。宮古島・石垣島のミサイル基地建設は国境の緊張を強いるもので、沖縄県としてはこれ以上の基地強化は望まないのだというメッセージを発し続けて欲しい。博治さんはそう語った。

翁長知事は目下、強権的に辺野古の基地建設を進めようとする国と真っ向から対立し、苦境を乗り越えようと踏ん張っている。あれも反対これも反対では物事は進まないから、今のところ先島への新たな自衛隊配備について明確に反対はしていない。日米安保体制を支持してきた政治家であるし、自衛隊そのものに反対するはずもない。それはそれでいいとしても、沖縄県の理想、国境を抱える地域の立ち位置というものは、もっと多様に掲げてもいいと思う。

国家対国家の論理の中で、外交上の緊張関係は流動的に変化していくだろうが、その都度「威嚇のトゲ」を国境の島に設置されたら、島々はたまらない。「我々島嶼(とうしょ)県としては、限りなく平和を愛する者です。平和の海を維持するために最大限の努力を対岸の国の人びとと共に重ねていきたいと望んでいます」。そういうメッセージを発信し続けることは、既存のどのイデオロギーともぶつからず、また沖縄県民全体の理想と一致するものだと思う。
「すでに国防上の負担は応分以上に負っているし、普天間以外の基地についても今後も引き受けるスタンスだ。しかし、これ以上周辺国を唸らせるような要塞の島に変貌し、緊張を発信していくことは沖縄県の本意ではない。アジアの懸け橋になりたいと平和の海を駆け回った沖縄の先人たちの気概にこそ、我々沖縄県民は希望と理想の照準を合わせていきたいと願っているのです」

そんなビジョンをことあるごとにリーダーが語り続けること、それを常に耳にすることは、私たち県民自身も陰謀論におびえない強さや誇りを獲得することにつながる。博治さんと訪ねた石垣島で、私は大切なヒントをもらった気がした。

5

「日本一の反戦おばあ」の涙――島袋文子さん国会前へ

2017年8月23日

先週末、長野県佐久市で『標的の島 風かたか』の上映会とトークがあった。私が出版でお世話になっている大月書店の岩下結さんのご両親が主催者のひとりなのだが、岩下さん一家は、以前から基地反対を訴え続けてきた「反戦おばあ」島袋文子さんとは家族ぐるみのお付き合いをしてきた。だから、おばあは私が長野に行くと聞きつけすぐ電話をしてきた。

「あんたが長野に行くなら、私も行こうかねえ」

こうしてパタパタと文子さんにとって4度目の長野訪問が決まった。

おばあは88歳、血圧も高いし足が悪くて旅行は車椅子になる。それでも辺野古の窮状を訴えるためと、空の旅で内地に行くことは年に2、3度ある。しかし心配は尽きない。直前に取りやめになることも当然あるし、おばあは沖縄の宝なのに何かあったら……と考えると、私は自分から彼女を内地に誘うことはしなかった。しかし今回は、自ら長野に行きたいということだ。せっかく羽田を経由するなら、おばあの夢をひとつ叶えられないかと、私は考え始めた。

おばあのやりたかったこと。「国会の前に行って総理大臣に直接訴えたい」。彼女は10年以上前から、そう私に言っていた。辺野古に暮らす彼女が基地反対を表明して20年、その間ころころと総理大臣の顔は変わった。２０１０年、鳩山由紀夫総理の時のことだが、県外移設を掲げながら辺野古案に回帰したことを撤回して欲しいと、文子さんは来沖中の総理一行の黒塗りの車列を命がけで止めて直訴しようとした。その後、辺野古に数度通い、謝罪をしてくれた鳩山さんとおばあは、今では並んで基地反対運動のテントに座る仲になっている。

そんな風に、彼女にとって総理大臣というのは常に、真っ向から勝負する相手だ。戦中戦後の苦難を耐え、復帰の希望は打ち砕かれて戦争の島を返上できず、さらにまた防波堤になれと言われる今の状況を命がけで変えようとするおばあは、「命は惜しくない」「総理大臣と刺し違えても」という覚悟で、日々憤懣（ふんまん）やるかたない思いを抱えてゲートに通っているのだ。「刺し違えても」。今の世の中では、共謀罪でお縄になりそうな表現だ。おばあが主人公の前作『戦場ぬ止み』にも、文子さんのセリフにこういうくだりがあった。

「ダイナマイトつくってこい、と私はいつも言うのよ。そんなものどうするの？って、もう、ダイナマイトを腰に巻いて、政府の前に行った方が早いんじゃないか」

このセリフを入れることについては議論になった。90歳近い老女をも過激派に仕立て上げかねない国のなりふり構わぬやり方は、警戒しなければならない。しかし、壮絶な戦争体験から基地闘争真っ只中の現在の生活まで、一直線に戦場を生き続ける文子おばあの半生をたどるドキュメンタリーで、命がけのその覚悟を表現しておかなければ、鈍いアンテナしか持ち合わせない大半の日本人に、沖縄の苦しみが響かないのではないか。

そして、このセリフを残した理由はもうひとつある。辺野古の基地建設に反対する名護市東海岸の老女たちの声を報道してきた20年の間に、私は同じ趣旨の言葉を何度も聞いているのだ。

嘉陽のSさん「海を埋めるなら、私を埋めてください。そうなったら、海に入りますよ！」

辺野古のTさん「いざとなったら、おばあたちと一緒に海に入っていきます、人柱になって。怖くはないですよ」

瀬嵩のFさん「クリントン大統領に会わせてくれないかね？　身体にダイナマイトを巻いて抱きついたら、この基地の話は終わりにならないかね」

嘉陽のMさん「絶対に許さない。そうなったら私を殺してからやりなさいと出て行くよ」

書き切れない。まだまだあるのだが、今、思い出すために昔のノートをめくっていて、涙腺が決壊し進めなくなった。彼女たちの大半はもう後生（あの世）に行ってしまった。「基地建設白紙になったね！」という瞬間を見せてあげられなかった。安心して旅立ってもらえなかった。そのことを考えた時、自分の無力さが呪わしく、のたうち回るほど苦しい。

東海岸の女性は、言葉は荒いが、情熱的で、まっすぐだ。底抜けに優しく堂々と正しいことを主張するおばあたちに会うことが、軟弱だった私の芯を強くしてくれた。最近、辺野古の問題を聞きかじったような人たちが、「地元は賛成しているのに一部の過激派が……」などと言っても、そんなフェイクが木っ端みじんになるほどの地域の声を私は聞いてきたから、揺らぐことはない。戦争を原点に、「普天間基地の移設」の欺瞞と辺野古の苦悩を私が伝えなければという想いをますます強くするだけだ。

子や孫のために身体を張ってきた多くの先輩たちのあふれる想いを、まさに今、全身で体現しているのが島袋文子さんだと私は思う。彼女にばかり負荷がかかるのは申し訳ない。が、彼女にはそれをはねのけて余りある力がある。

「ダイナマイトを持って国会へ」は物騒だが「言葉の爆弾を抱いて国会の前へ」行けたら、おばあの積年の想いは少しでも晴れるだろうか。政治家も国民も、彼女の声をじかに聞いたらもっと変わるかもしれない。私は、大月書店の岩下さんに相談した。岩下さんはさっそく仲間たちに呼びかけて、文子おばあを迎える有志の会を結成してくれた。そして短期間のうちに、参議院議員会館でのおばあの講演と、首相官邸前でのアピールが実現した。議員会館の講堂はみるみるあふれ、念のために用意したモニターを置いた別室もあっという間に埋まり、控え室まで開放して、500人を超える人びとが文子おばあと同じ空間で彼女の話を聞こうと集まってくれた。企画は大成功だった。

そこで彼女が何を話したか、20分弱にまとめたのでこれはぜひ、動画を見て欲しい。前半は笑顔を交えて、努めて冷静に戦争や基地のことを話し、さらなる支援を呼びかけて聴衆に手を振った文子さん。私は彼女のお手伝いと聞き役として隣に座ったが、戦争体験の話になると心が不安定になってしまう場面を何度も見てきたので、今日は落ち着きを保っていると半ば安心していた。様子が変わったのは、後半の高校生との対話の場面だった。

壇上に上がってくれたのは、沖縄戦や基地のことを熱心に学習していた埼玉県飯能(はんのう)市の自由の森学園の生徒2人。自分の学習体験を話し、率直な質問をぶつけた。

「アメリカが命の恩人とおっしゃってましたが、心からそう思うのですか?」

それに答えようとする文子さんは、やがて目が左右に揺れ、時空がゆがんで魂があの阿鼻叫喚の地獄に吸い寄せられたのか、堰(せき)を切ったように言葉を吐き出し始めた。ああ、始まってしまった、と私は覚悟をした。どこで止めよう? いや、一度ここにたどりついてしまったら、あとの苦しさは一緒なんだから、最後まで話して聴衆に伝えた方がいいのか? 私だけは冷静にコントロールしないと会場も高校生も不安になってしまう。経験値があるお前が考えろ!と自分に何度も言い聞かせるのだが、おばあのくやしさや深い悲しみが隣からびんびん伝わってくるので、やはり私も泣いてしまう。司会者失格だ。

その内容。ここは活字にしたくないので、どうか20分、時間をつくって動画を見て欲しい。

こういう場をわざわざ永田町でつくり、大事なところを時間をかけて編集して、こうしてパソコンや携帯電話で無料で見られる形にまで私たちがしているのはなぜなのか。少しでも想いを致してくださるなら、20分くらい時間をつくって欲しい。

今の日本で一番、身体を張って安倍政権と対峙しているのは88歳の島袋文子さんだろう。政府が今さらに沖縄に押しつけようとしている軍事的な負担は、70年以上前から戦争と共に生きる苦しみを強いられてきた県民にとってどれほど残酷なことなのか。それを文子さんは直接政府に訴えたいと思い続けてきた。国会の中で10分でいい、彼女こそ全国民の中で誰よりも意見を言う機会を与えられるべき人だと思う。しかしそれが叶わない。ならば首相官邸前で、議員会館で、我々が聞こうじゃないか、発言してもらってみんなの力で政府に届けようじゃないかという、このうねりの一部に動画を見ることでみなさんにも参画して欲しいのだ。

夕方、首相官邸前に移動すると、大勢の支援者が文子さんを迎えてくれた。

「沖縄から参りました、島袋文子です。今日は、文句を言いに来ました！」

やんやの大拍手。そして官邸を見上げて文子さんは声を張った。

「私があなたに手紙を託した島袋文子でございます。その手紙を読んでどう思いましたか？」

「安倍さん！　あんたの思う通りに沖縄を潰そうとしてもそうはいきません。絶対に負けませんからね、見てください、こっちに来て！」

そう言っておばあは「勝つまであきらめない」と書かれたTシャツを示して胸を張った。途中胸が詰まって話せなくなるも、また勇気を振り絞るように顔を上げて文子さんは叫ぶ。

「本当に憎ったらしいったら、あんたたちは！　安倍さん、菅(すが)さん、麻生(あそう)さん、3名！　三羽ガラス！　撃ち落とさないと私は気が済まないからね！」

沖縄のおばあらしいユーモアで笑いを誘い、真正面から切なる想いを永田町の空に響かせた。かっこ良かったよ、おばあ。いつもまっすぐで正義感の強い少女のようなその感性が大好きです。あなたのそんな姿に、目の見えない母と10歳の弟の手を引いて砲弾をかいくぐって進む15歳の少女の影が重なって、私はあなたを抱きしめたいほど愛(いと)おしいと思うのです。

6

2017年10月4日

文子おばあのトーカチ（米寿祝い）＠ゲート前

9月27日は旧暦の8月8日。「八」が2つ重なって88歳のお祝いの日だ。日本全国に米寿のお祝いはあるが、沖縄では米寿とは言わず「トーカチ」と呼び、特別盛大にお祝いをする。ご存じ、日本一有名な「反戦おばあ」となった島袋文子さんのトーカチ祝いは、毎日座り込んで基地建設を止めたい人と機動隊が衝突する、あの辺野古のゲート前で行われた。

普通は、自宅にお飾りをして黄色い着物を着せられて祝う。最近はホテルで親戚縁者と会食、そして写真撮影なんていう洒落（しゃれ）た家も増えてきたが、機動隊とトラックに囲まれたテントで祝った人は沖縄史上初だろう。おばあを慕う仲間たちが数カ月がかりで準備し、そして400人あまりの県民がお祝いに駆けつけ、日中は工事車両を近寄らせなかった。半日とはいえ、またも歌や踊りと笑顔といっぱいの沖縄文化の力で、国の暴力を押し返した格好だ。

沖縄県警も手出しをしなかった県民的イベント「トーカチ」。それはいったいどんな行事なのか。今回はちょっと民俗学者のふりをして説明をさせて欲しい。

沖縄の長寿の祝いといえば、還暦（60歳）、トーカチ（88歳）、カジマヤー（97歳）が三大行事。親族・地域をあげて歌や踊りを繰り出して寿ぎ、そして「あやかりの儀」といって、長寿という強運と幸福を参列者も分けてもらうことが大事なポイントになっている。本人に「おめでとう」と言い、これを祝うことで参加者みんなの寿命も延びるというウィンウィンの法則なので、我も我もと駆けつける人気行事になっているのだ。

なぜ、トーカチというのか。トーカチとは、枡に入れたお米を水平にしてすり切り、計測する時に使う「斗掻」という道具のことだ。トーカチの祝いでは、かごに米をいっぱい入れて、そこにこの斗掻の竹をいくつも刺して、参列者のおみやげにするという地域もある。ではなぜ、斗掻が米寿のお祝いに使われるのか。本土では、八十八を組み合わせると米という漢字になり、米にちなんだ道具だからだと解説する向きもあるが、それだけでは説得力に乏しいだろう。

大学院で教えていただいた沖縄国際大学の遠藤庄治教授（故人）は7万話を超える沖縄民話を収集した民話研究の第一人者であったが、その中にこんな話があった。

ある元気な男の子の前にひげの老人が現れる。神がかったその老人は「お前は丈夫だが、寿命は8歳までだ」と告げる。男の子は号泣、それを聞いた父親はこの老人を追いかけて行き、土下座して「せめてあと10年でもいいから、息子の寿命を延ばしてください」と頼んだ。すると老人は日を定め「この日に天の神さまにご馳走を供えて頼んでみなさい」とアドバイスをした。父親がその通りご馳走をこしらえて天の神にささげたところ、寿命をつかさどる神さまは夢中で碁を打っていて、うっかりご馳走を食べてしまった。我に返った神さまは「しまった。寿命は帳面に書かれていて変えられないのに、ご馳走を頂いてしまった。仕方ない、特別に八の上に八と書き足しておこう」。父親は、あと8年の命を頂いたことに感謝した。しかしこの少年は88歳まで生きた。これに感謝して、8月8日には盛大なお祭りをするようになった。

島袋文子さんと筆者

しかし、この民話には「米」というモチーフは出てこない。でも寿命を決める神さまが人間の命を測り、調整していること。そして心から願うことで運命は変えられるという庶民の希望が盛り込まれている。この話ともうひとつ、古くから伝わる琉歌(りゅうか)をあわせて読むと、桝に、命を表す米、そしてすり切って測る道具の斗掻がつながってくる。

米のトーカチや
切り升どやゆる
盛着のカジマヤゆ
御願さびら

（意訳）
88歳は長寿ではあるが、それはちょうど枡を満杯にしたお米を斗搔ですり切った程度だ。でも、枡にはまだまだこぼれるように米を盛ることができる。これから先は斗搔の制限を超えて米を山盛りにし、長生きして97歳のカジマヤーまでお祝いしましょう。

人間はそれぞれ大きさの違う枡を持っていて、天が決めた寿命というものがある。そうだとしても、神さまどうか杓子(しゃくし)定規に斗搔で「はいここまでね」と決めないでください。うちのばあちゃんにはおまけして、枡の上にお米を山盛りにしてやってくださいね、という家族の想いが込められた歌だと思う。だからこれは私の解釈だが、斗搔というのは命の期限を決める神さまの道具なんだと思う。斗搔の神さま、こんなに長生きさせてくれて感謝いたしますが、もう斗搔は置いて命の期限を測らずに、あとは天の恵みの日々を送らせてくださいという気持ちが、トーカチ祝いのベースになっているのだ。本土の米寿祝いでも、米を測る道具は使われている。なのにうまく説明がなされていない。本土で薄れた民俗の意味が沖縄の行事から逆照射できる事例はたくさんある。きっとトーカチもそのひとつなのではないだろうか。

なんちゃって民俗学者の解説が長くなったが、もうひとつ、爆笑を誘っていた、糸満市からやって来た「島ぐるみ会議」のメンバーの出し物について簡単に説明したい。これは本土にもある「戻り駕籠（かご）」という滑稽踊りのひとつで、沖縄でもよく演じられる。

（物語）

駕籠を担ぐ2人の男が、中に乗っている女性についてあれこれ詮索する。「年の頃は春の若芽、芙蓉（ふよう）の花のような美人だそうな」「もしもその心をつかむことができたら、古妻など捨てるのだがなあ」「何を言う、お前になど渡すものか、やるか」。2人の男の妄想が膨らむだけ膨らんだあと、駕籠の女性が楚々（そそ）と降りてくるのだが、これが稀代の醜女（しこめ）であったとさ。

この醜女役はたいてい口紅を塗りたくったおっさんが務める。手ぬぐいを開いた瞬間、観衆は大爆笑という塩梅だ。おばあは糸満で育ったので大の芸能好きで、「戻り駕籠」の出し物をとても楽しみにしていた。旧習が残る糸満は村行事も多く、芸達者ぞろい。片道2時間近くかけて辺野古まで通ってくれる糸満の人たちに、観客席からはやんやの喝采が送られた。名護市の稲嶺進市長、ビッグサプライズで登場した歌姫古謝美佐子さん、途中雨に見舞われながらもとても贅沢な見どころ満載の出し物が続き、笑いと熱気でおばあのトーカチは3時間を超えるお祝いとなった。これには寿命の神さまも計測を忘れて楽しまれたことだろう。文子おばあは百二十までの寿命が許されるに違いない。

私はこの楽しい動画を、沖縄バッシングをする人たちにまず見て欲しいと願う。辺野古の基地反対闘争に難癖をつけたい人びとは必ず「地元の人はほとんどいない」と決めつける。「プロ市民だ」「セクトが入っている」と言いたがる。今を時めく小池百合子さんは、2010年6月3日のツイッター（現・X）で「辺野古の座り込みの1列目は沖縄のおじい、おばあの皆さんだが、2列目からは『県外』からの活動家がずらり。カヌーを漕ぐのもプロ、この実情が報じられることはない」と言い切っている。この動画を見てもはたして同じことが言えるだろうか。「恥ずかしい偏見をばらまいてすまなかった」と言ってくれるのではないだろうか。

このトーカチに集まった人びとの言葉、芸、熱気、身のこなし、そこから立ち上がる文化の力、真心、そして背負っている歴史と本土の何倍も平和を求めるエネルギー。これらのものが、「地元の人は最前列だけ」と決めつける人びとが目を背けたいものなのだ。

7

泣くなチビチリガマよ——クリスタルナハトにはさせない

2017年10月11日

9月12日の昼前、携帯が鳴った。近所に住む反戦彫刻家・金城実(きんじょうみのる)さんだった。いつも少し酒が入る夜にしか連絡してこないのに、ちょっと胸騒ぎがして電話を取る。

「チビチリガマが荒らされた。すぐ記録して欲しい」

鏡も見ないでビデオカメラをつかんで車に飛び乗った。沖縄戦最大の悲劇「集団自決」があったその洞窟は、家から数分のところにある。72年前、沖縄戦でアメリカ軍が続々と上陸してきたのが、この読谷村(よみたんそん)と北谷町(ちゃたんちょう)。139人が逃げ込んでいた「チビチリ」と呼ばれる自然壕(しぜんごう)では、敵兵の姿を間近に見てパニックが起きた。

日本軍の「軍民共生共死」「生きて虜囚の辱めを受けず」という徹底した教育と、米兵は男を八つ裂きにし、女を強姦(ごうかん)するという脅しが浸透していたために、住民は、家族同士お互いを手にかける集団死に追い込まれた。ここ1カ所だけで、82人の命が切り裂かれてしまった。あまりのことで、遺族も戦後長い間、語るに語れなかった壮絶な出来事だ。

そんな場所を「荒らす」とはどういうことなのか。何のつもりなのか。私でさえ、胸の奥にある大事で壊れやすいものを土足で粉々に砕かれたような痛みを覚えた。遺族は、読谷村波平の人たちはどんな気持ちでいるだろうと思うとハンドルが重かった。

「中まで荒らされたよ。骨のあるところ、あの奥まで」

第一発見者である地元・波平の知花昌一さんが、チビチリの入り口に呆然と立っていた。波平の若者としてこの惨劇にがっぷり四つに向き合い、丁寧に証言を集めて、平和学習の場にするまで大変な道のりを歩んできたのが知花さんだった。間もなく遺族会会長の与那覇徳雄さんが駆け付けた。様相が一変した現場を見て、絶句していた。

まず目に飛び込んできたのは、引き抜かれて「平和の像」に叩きつけられた歌碑。金城実さんの作詞で小室等さんが歌った「チビチリガマの歌」の歌詞が書かれていた。そして壕の入り口に置かれていた「墓地だから入らないでください」という趣旨の遺族会が書いた看板は、一部の千羽鶴と共に川の向こうまですごいエネルギーでぶん投げられたのか、変形していた。

犯人は腰をかがめ、死者たちの聖域にまで入っていた。そして洞窟内の遺品・遺骨が置かれた場所、奥の一角に残されていた瓶や甕を割ったのだろう。犠牲者の歯なども散乱していた。与那覇さんは「なぜ何度も殺されなければならないのか」と唇を噛んだ。暗い中で入れ歯や歯などを踏まれたくないから元の位置に戻したかったが、現場検証までは現状を保存しなければならないから、そっと踏まないように後ずさりして出て来た。冷静に撮影したかったが、映像にはかなりの動揺が現れている。

チビチリガマというのは、ただの戦跡とは違う。戦後、「集団死」に追い込まれた人びとの絶叫を、勇気を振り絞って聞き取った知花さんや金城さんのような人びとがいて、徐々に開かれていった場所である。決して過去になっていかない出来事に向き合い、歯を食いしばって自分たちの世代で引き受けることで、ようやく嘆き狂う魂を鎮める方向が見えてきたのであった。かろうじて語れるようになり、祈れるようになり、ずいぶん経ってから修学旅行生も迎えられる場所になった。平和を考える聖地になっていくことをみんなが願っていて、たくさんの折り鶴と共に浄化の道をたどる途上にあった空間である。

それを、誰かが破った。血を吸った土から祈りの言葉は引き抜かれ、平和の像に叩きつけられた。かさぶたを取れば血が流れ出すように、封印は解かれ、本来は鎮まりようもないのに子や孫の祈りに免じて留めていた悲しみや怒りが叩き起こされてしまった。嗚咽を上げながら、再び地中の奥からマグマのように湧き上がってあふれ出してきたのを目の当たりにしたような錯覚を覚えた。とてもじゃないが受け止められない。磁場の波動を受けて動揺が止まらなかった。

沖縄が受けた衝撃は大きい。全国でも多くの人がこの蛮行を嘆きながらなぜ?という疑問を持て余しているだろう。誰が？　何のために十分苦しんだ犠牲者を冒瀆できるのか？　TBSの金平茂紀さんが、「クリスタルナハトだ」とつぶやいた。それは不謹慎だ、と私は一瞬顔をしかめた。クリスタルナハトというのは、ユダヤ人迫害がドイツ全土に広がる契機になった1938年の暴動を指す。でも実は、何か社会の膿のようなものが沸点を超えて雪崩のように押し寄せてくる、そのきっかけになりはしないかという恐怖を私も感じていた。

10年前にはなかった「沖縄バッシング」は、年々顕在化している。確実に増殖している。中国が怖い、北朝鮮が怖いと騒ぐ大衆はアメリカ軍という頼もしい存在にすがっていく。強い国を夢想するあまり、国防に「いちゃもん」を付ける沖縄の基地反対運動を疎むようになってきた。沖縄戦からの歴史的な告発は、勇ましく国を守った日本軍のイメージを著しく傷つける行為だとしてあからさまに憎まれるようになった。

「北朝鮮の脅威が迫っているんだ。これから強い国になろうって時に、沖縄はいつまでもグダグダ言うな。お前らスパイか？」。こんな考えがネットにあふれている。これこそが戦前戦中の集団狂気の再来ではないか。強い力に守られたい。その強くて頼もしいものにみんなで陶酔して不安を払拭したいのに、沖縄の言説はそれを邪魔する。人をしょんぼりさせる。

「日本軍は住民を守らなかった」

「軍隊の論理が集団死を強制した」

「軍隊には慰安婦制度を生み出すような闇がある」

「少なくとも数百人が友軍の手で殺された」……

沖縄という、唯一地上戦を体験した地域にいたからこそ、住民は輝かしい皇軍の進駐からそのなれの果てまで、非軍人の目でその落差を目撃し、戦争の実態を身体に焼き付けた。私たちは、そこからしか証言できない大事な戦争の狂気をとことん学び取り、知らせることで次の悲劇を止めようと報道に邁進(まいしん)してきた訳だが、そんな仕事は今の日本には邪魔なのかもしれない。しかし、文部科学省がこうした事実を教科書から削除するよりも、大衆の「不都合な言説を圧殺する」力の方がもっと恐ろしい。そんな地平にまでこの社会は急速に進んでしまったのか?

しかし数日後、チビチリガマを荒らした犯人は地元の少年らで、理由は肝試しだという報道があった。私が心配した外部からの沖縄バッシングのようなものでなかったことに少しホッとした。しかしながら心は晴れない。そうだとしたら、もっと深くこの島の中に沈殿したもの、澱(おり)のように溜まってきたものに目を向けなければならないのではないか。

大人たちが目の色変えて頑張っても実らない基地反対運動への苛立(いらだ)ち。そこからくる無力感。反戦平和活動への冷めた目線、弱者ぶることへの拒否感。今の若い人たちは、過酷ないじめ社会の中でどうやったら標的にならないか、勝ち馬に乗る側にいられるかに、かなりのエネルギーを使っている。自分を守るためにも日本の中の嫌われ者になるのは避けたい。「反戦沖縄」という看板をしょっていては明るい未来が見えてこないじゃないか。負けてばかりの沖縄とは決別したいという願望が醸成されてきても、不思議ではないのだろう。最近、基地反対運動の話を始めると、若い人たちが瞬時に見せる冷めた態度が気になっている。平和教育はどうなっているんだ、と叫ぶ視点だけでは掬（すく）い上げられない地割れが起きているのかもしれない。

チビチリガマの歌。あの板に書かれていた歌詞は、遺族の話を聞き、寄り添いながら共に平和の彫刻をつくり上げるという時間を過ごしてきた金城実さんたちの編み出した言葉だ。歌詞というより、この場所で、戦争という惨禍に向き合うことから逃げずに生きる覚悟と祈りを文字にしておいた、そんな言霊たちなのだと思う。まずは投げ捨てられた板に書かれていたこの言葉を、私たちは噛みしめたい（訳は三上流ですので参考までに）。

「チビチリガマの歌」　作曲／小室等　作詞／金城実

イクサユヌアワリ　ムヌガタティタボリ
（戦争の悲劇を　語って聞かせてください）
ワラビウマガユーニ　カタティタボリ
（子や孫の世代まで　どうか語り継いでください）

ハンザチビチリヤ　ワシタウチナーユヌ
（波平のチビチリガマは　私たちの沖縄に生きる者の）
ククルチムヤマチ　ナチュサウチナー
（心肝を苦しめています　沖縄は泣いています）
ナチュナチビチリヨ　ミルクユニガティ
（泣くなチビチリよ　弥勒（みろく）の世　平和の世を願って）
ムヌシラシドゥクル　チビチリガマ
（戦争の哀れを世に知らせる　聖地になってください　チビチリガマよ）

8

美味しいニュースを選ぶ人びと
——高江ヘリ墜落はどう伝わったか

２０１７年10月18日

私はハンバーグステーキが好物だ。定番のデミグラスソースも最高だが、チーズ乗せのイタリアンテイストもいいし、たまには和風おろしにも惹かれる。レストランの席に座り、メニューを広げ、さあ、今日はどのテイストで肉を味わおうか？と味付けを選ぶのは客の自由である。ところで、ニュースはどうだろうか。たとえば１つの交通事故を伝える原稿。それをどう料理しても料理人の勝手であり、どんなフレーバーを加えても、食べる者の勝手、だろうか。こんな事故はそのままの味じゃあ誰も注文しないから、と、客に受けるトッピングを加えて「食べやすく」「美味しく」するのは、報道の世界ではどこまで許されるだろうか。

先週（10月11日）高江で、ずっと恐れていたことが起きた。大型観光バスより大きい、老朽化したアメリカ軍の輸送ヘリＣＨ53Ｅが、高江集落に墜落した。

２００４年に私の母校でもある沖縄国際大学に落ちたＣＨ53Ｄという機種はベトナム戦争の生き残りともいわれる「50歳を超える老兵」であり、とてもではないが住宅の屋根の上を安全に飛ばせるような代物ではないことはさんざん報道されてきた。今回のCH53Eはそれより新しいとはいえ、36年運用されている。旅客機であればとうに寿命、引退していなければならない。

事故が多い機種で、低空飛行訓練という、あえて気流の不安定な中で腕を磨かねばならない海兵隊員もご苦労だが、それはあなたの国にたくさんある誰もいない谷でやるべき訓練であって、なぜこれだけ「やめて欲しい」と声を張り上げている沖縄県民の住む集落の上でやらねばならないのか。不安を呑み込んで消極的容認に回っていた人たちを含めて、この事故はこれまで以上に住民の心を押しつぶした。

しかし、今回のヘリ墜落の大ニュースも、中央メディアの報道ぶりを文面で追うと、拍子抜けする。私たちが受け止めているものとはかなり異質な、ペラペラな軽い質感になっている。

「11日午後、米軍のヘリコプターCH53が米軍北部訓練場付近に不時着」
「米軍ヘリ炎上で沖縄の選挙戦に影響不可避」（いずれも大手の新聞記事）

「不時着」なのか「墜落」なのか。この議論は毎回起きるのでさておき、県民が炎上したヘリに使用されていた放射性物質の影響に震え上がってる時期に、選挙への影響が大事なのか。違和感はぬぐえない。事故翌日のインタビューで、ある若い男性がこう言っていた。

「一番腹立たしいのは東京のメディアが〝基地付近に〟落ちたと表現したこと。基地の付近、ならいいのか。民間地に、自分の畑に落ちたんだ。落ちてはいけないところに落ちたんだ。その言い方なら、おれたちはみんな基地付近の住民だ」

幸いケガ人がいない、など軽めに扱い、基地の島だから気の毒だけどよくあることだし……、と食わず嫌いでいる大多数の視聴者・読者にも受け取りやすいよう、温度を冷まして味を調整する。燃えるような怒りや熱すぎる料理は食べにくいから、と大衆にとって呑み込みやすいニュースにアレンジするのは、腕利きのコックと同じプロの業であるとでもいうのだろうか。

私は27年間放送局で報道の仕事をしてきた。公正中立という言葉は耳タコで聞いている。沖縄における公正とは何か、ずっと考え続けてきた。しかし最近特に思うことは、こと沖縄基地問題については「視聴者・読者の側がどんどん中立ではなくなってきている」ということだ。基地をめぐるニュースを素直に受け止めなくなった。常にバイアスがかかったような言説がまとわりついて、10年前と比べても、大衆の側に色がついてしまっていると感じる。

「安全保障」という分野については、日本国民のほとんどが「日米両政府間できっとうまくやっているはず」と長年関心を持たないできた。日米安保の内容について日々の報道でも触れないのに、沖縄から飛び込んでくるニュースは、やれ事故だ、暴行だ、抗議だ座り込みだと激しいトーンばかり。全国ニュースの編集者も、そこだけ取り上げるのは、と躊躇(ちゅうちょ)する。

受け手にとっても、沖縄に同情はあるけれど、このニュース自体が「美味しくない」。ニュースを聞いてもまずどうしていいか分からないし、自分たちの普段の無作為や加害性まで責められているようで苦しい。同じ沖縄ネタなら、安室(あむろ)奈美恵。南の島から国民的スターダムにのし上がった歌姫の引き際、彼女の引退は「誰にでも美味しいニュース」である。

今、国民はニュースを選ぶ時代になってしまった。好きなニュースだけつまみ食いができる。しかも極右の味付けも極左の歯ごたえもどっちのテイストも選べるのだから、ややこしい。

かつてニュースといえば新聞とテレビの二大メディアが、各社しのぎを削って慎重にラインアップを決めた。視聴者・読者はほぼ同じものを共通のタイミングで受け取っていた。そこには、受け手がニュースの項目や味付けを選ぶという発想はなかった。ところが、今これだけインターネットのニュースサイトが増え、同時性、共有性が薄れて、逆に好きなタイミングで好きなテイストのニュースを見る世の中になってしまうと、最大公約数としての「芯」が形成されないまま、アクセス数を稼ぐ方向にニュースが引っ張られていく。記事を書く側が受け手のニーズに応えようという意識を持つようになる。ジャーナリズムの手ほどきなど受けなくても、足で稼がなくても、パソコンひとつで情報を集めて「読まれるニュース」はつくれてしまう。

そうなると、大衆はわがままである。自分に都合の良いニュースを探そうとすれば見つかるのだから、信じたいニュースだけ拾い読みして、あとの不都合な美味しくない記事は読まないで、現実にはないことにして時を過ごすのも可能だ。

たとえば「北朝鮮がこんなに怖いこと言ってるのに、米軍に文句ばかり言う沖縄ってなに？」という空気をまとった人物が、辺野古のことが気になったとする。検索に「辺野古」と入れると「今検索されているワード」という組み合わせが頼みもしないのにずらっと出てくる。「辺野古　日当」「辺野古　過激派」という羅列がすぐ下に表示され、ポインターを1㎜ずらしてそこをクリックしたら最後、「あらやっぱりあの人たちは日当もらってるんだわ。普通の沖縄の人は反対してないんだわ」というデマ系の記事に行きつく。そして、それこそ検索主が無意識に求めている、食べたかったメニューなのだ。そうやって得た好みのニュースでおなかいっぱいになったあと、さらに最初のワード「辺野古」に戻って検索し直し、さらにそれが信頼できる記事なのか、リテラシーを働かせて向き合うユーザーは少ないだろう。

人は、受け取りたいニュースしか受け取らなくなっている。それは映画『標的の島　風かたか』の紹介で全国を回る中でも痛感する。この作品は、決して沖縄の窮状を訴えることを主眼にしていない。「標的の島というのは沖縄のことだと思ってませんか？　日本が戦場になるという話ですよ。日本の民主主義も国民主権も三権分立も平和主義もここまで壊れたんですよ。沖縄にいるとそれがよく見えるから、沖縄から警告しているんですよ。燃えているのは沖縄だけではなく、あなたの服にももう飛び火してますよ」。有り体に言ってしまえばそう訴えている映画である。

しかし、多くの観客が感動しました、と話しかけてくださる中で、「もっと沖縄に寄り添わないとダメですね」「沖縄ばかりを苦しめて申し訳ない」という従来の感想パターンが一定数以上出てくる。こんな分かりやすいドキュメンタリーで見せていてもまだ「自分に降りかかった危機」とは思いたくなくて、あくまで「気の毒な沖縄」「懺悔(ざんげ)したい善良な私」という、沖縄問題の硬直化した視座に安住しようとする。

わざわざ沖縄基地問題の映画を見に来てくださる反戦平和の意識が高い人たちでさえも、受け取りたいようにしか情報を受け取らない、向き合いたくない事実はスルーする。つまり、人は覚悟もなく、それについて行動する力も乏しい時に、ハードなニュースはとても消化できないものなのだ。だからオミットしたり、自分に都合良く加工されたニュースに変換して受け止める。ある意味、自己防衛本能がそうさせているのかもしれない。

でも、いくら受け取りたくないといっても事実はこうである。事故を起こしたCH53Eというヘリは、6月に久米島(くめじま)で不時着し、1月、2月にも故障していたもの。それを、今回の動画で伊波洋一参議院議員が言うように、整備にかける予算がない異常事態のままアメリカ軍が飛ばしている。墜落続きのオスプレイも含め、普天間基地所属のこれらの機体は、北朝鮮のミサイルより確実に日本国民の頭上に落ちてくる危険が高いが、放置されている。それは沖縄県民だけの悲劇なのか。動画で山城博治さんが言うように、今後日本各地にオスプレイは配備される。国防と言いながら軍事演習が国民の安全より優先される現実は、日本各地に突きつけられるだろう。全国の「高江化」は明らかに始まっている。あなたが黙殺しても、認めなくても。

それでもなお、これは遠い沖縄の問題なんだと思いたければ、そう思えるニュースだけ選んで見ていればいい。沖縄のことに触れもしない国会議員ばかり今度の選挙で選べばいい。火事が迫っているというニュースを、今は食べたくないからと拒否して美味しいニュースにチューンを合わせて、部屋の模様替えを楽しんでいればいい。なんて自由。迫りくる危機など恐れずにペラペラの読みやすい情報ばかりを選んでいれば、気づけば地獄のど真ん中だわ。

9

弾薬庫と十五夜——宮古自衛隊問題続報

2017年11月8日

9月初頭、弾薬庫候補地が絞られたという情報が入った。宮古島の人びとが最も懸念している、陸上自衛隊ミサイル基地部隊の核ともいえる弾薬庫。有事には真っ先に標的になり、事故があれば死傷者が出て、そして将来的には核兵器さえ持ち込まれかねない弾薬庫だ。

それは、宮古島の中心街から最も遠い南東の保良(ぼら)集落にある採石場「保良鉱山」だった。場所は、宮古島観光に来た人の大半が訪れる景勝地「東平安名崎(ひがしへんなざき)」の付け根にあるといえば分かるだろうか。今回はドローンを使って場所を説明しているので動画を見て欲しい。なんせ、水脈から外れているし、過疎地だし、しかも鉱山の所有者の一族には自衛隊協力会のメンバーがいるということで、これはどうやら詰んでしまった感がある。

さっそく、現地に撮影に行く。案内は、ミサイル基地に反対する元県議会議員の奥平一夫さん。現場で、保良出身で市議選の立候補者である下地博盛(しもじひろもり)さんと合流。静かで穏やかな物腰の紳士だが、瞳の奥にやり場のない怒りと深い憂いを湛(たた)えていた。それはそうだろう。彼が生まれ育った静かな集落のすぐ横に、自衛隊の弾薬庫が来る。彼の家からはなんと200mほどしか離れていない。

「立候補は前から決めていたが、地元が自衛隊弾薬庫の候補地になってしまって自分の選挙どころではなくなった。これで余計に負ける訳にはいかなくなった」と苦しい表情を浮かべた。

現地に立ってみて、山ひとつ分くらいえぐられている鉱山の地形と、そのスケールに圧倒された。すでに掘り込まれている訳だから、地下施設を造るにはもってこいだ。平坦な宮古島では横穴が掘れる場所はとても貴重だ。ほかには実弾射撃場も造るだろう。司令部や、燃料や武器・弾薬を備蓄する施設なども地下に造ると相場が決まっているというから、ここならあとは横に掘り進むだけ。首里の旧司令部壕のように縦横無尽な横穴が、この鉱山跡に掘られるさまが頭に浮かんでくらくらした。

「そんなものを造られたら、集落の発展もありえない。地域は衰弱・衰亡してしまう」。そう焦りを口にするのは下地博盛さんだけではない。保良を歩いて、住民がいかに困惑しているか、当然だが痛いほど分かった。しかし、小さな地域である。みんな、カメラは勘弁して欲しいという。選挙前で、めったなことを言えないというピリピリした空気が伝わる。そんな中でようやく協力していただいた男性も吐き捨てるように言った。

「弾薬庫ができたら、ここの発展性はないです、永遠に。我々は戦争体験者ですからね。ああ、またか、また犠牲になるのかと。結局アメリカの植民地ですよね？　軍事的にはね」

　戦争中、アメリカ軍が上陸しなかった宮古島は、さほど大きな被害がなかったかのように思われがちだがとんでもない。宮古島には３つも飛行場があったので、１９４４年の10・10空襲から徹底的に飛行場が狙われて激しい空爆が繰り返され、平良市街地は壊滅状態になった。耕作地が日本軍に奪われ、収穫ができなくなり、すぐに島は自給困難に陥った。

　当時、アメリカ軍の上陸が想定された宮古島には３万もの日本軍がひしめいていた。今の島の人口がおよそ５万５０００人であるから、どれだけ多いか分かるだろう。補給も絶たれた戦時下でたちまち食糧が底をつき、餓死者が出て、栄養失調でマラリアが蔓延し、島は地獄と化した。「平和の礎」に刻まれた宮古島の戦死者の数はおよそ３３００人だが、実数はもっと多いという。

「米軍が宮古島をあそこまで攻撃したのは、３つも飛行場があったからです。沖縄本島を包囲している艦隊に後ろから攻撃を受けてはたまらないから」

　博盛さんは沖縄戦と同じ轍を踏むことだけは避けたいと、言葉を続けた。

「慶良間諸島の強制集団死（集団自決）、あれだってそうでしょう。離島の住民は逃げ場を失った。でも捕虜にはなれない。日本軍が捕虜にさせなかった。軍の機密を知ってるからです。子どもまでも。だから結局兵隊と一緒に死ななければならなかった」

集団自決も、スパイ虐殺（沖縄県民をスパイ容疑で虐殺したこと）も、そしてマラリア地獄も、この沖縄戦の三大悲劇はいずれも軍事情報を持った住民を生きたまま敵の手に渡さないために、軍機保護法を背景に日本軍が組織としてやったことだ。住民の命よりも軍機保持を優先した結果の「処置」であり、組織犯罪だと私は思う。離島で軍隊と共に生活をする場合、知るつもりなどなくても軍機に通じてしまう。平時は良くても、有事にはまた住民らが「生きていたら不都合な存在」にされる。

軍隊と同居するリスクは、何も敵からの攻撃を受けることだけではない。味方であるはずの友軍によって生命の危機に陥っていったあの沖縄戦の教訓を、自衛隊組織の拡大を受け入れようとする沖縄県は思い出すべきだという博盛さんの指摘はもっともだ。今こそ宮古島には、彼のように歴史に学ぶ思慮深いリーダーが必要だと心から思った。

もう一方の、自衛隊の隊舎などを建設予定の赤字経営のゴルフ場、千代田カントリークラブでは用地取得の契約まで話が進んでしまった。

ここに陸上自衛隊の基地ができると、野原（のばる）という集落は、すでにある航空自衛隊の基地と東西から挟まれてしまう格好になる。集落の東の山には今、恐ろしい数のレーダー施設がそびえたち、電磁波もすさまじい。この上、西に建設される陸自部隊の宿舎そばのグラウンドがオスプレイの着陸場に化けたら、こんな怖いところに住む人はいなくなるだろう。

野原の平良信男部落会会長は、ただでさえ人口が減っているのに集落が廃れていくのは目に見えていると肩を落とす。平良会長をはじめ野原集落の人びとは、戦後は野原岳の米軍基地で働き、航空自衛隊になってからも何とか共存してきた歴史がある。

「これまでずっと我慢もしてきた。それなのに、何でまた集落の反対側に造るのか」

既視感がある。これまでずっとキャンプ・シュワブと共存してきたのに、海まで埋めるのか。そう唇を噛んで座り込みを始めた辺野古のお年寄りのみなさんの言葉が重なる。

「基地はがん細胞と同じ。1つできたら、転移していく」

そう言った先輩の言葉を思い出す。

野原集落は、少人数ながら結束も固く、古い民俗行事がいくつもある文化的にとても豊かな地域だ。「サティパロウ（里払い）」という厄払いの行事には、あのパーントゥの面も登場する。そして十五夜に行われる「マストリャー」、どちらも有名な祭りで、国の無形民俗文化財である。1つの集落に2つも民俗文化財があるのだから、土地と人の和を保ちながら丁寧に生きてきた野原の歴史が偲（しの）ばれる。

今年のマストリャーは、基地建設で騒がしくなる前の、最後のおごそかな祭りになるかもしれないと思い、記録しに行った。「マストリャー」とは「桝をとる家」、つまり桝を使って年貢の穀物を検分する場所を指す。宮古・八重山の島々を苦しめた悪税・人頭税を納め終わった農民たちはこの日、重責から解放され、その場所でタガが外れたように夜通し踊ったことから、農民がお互いの労をねぎらい、また来る年の豊作を祈る行事として定着したという。

徹夜で踊った名残からか、夜9時からという集合時間になってもなかなか始まらない。各班ですでに飲んだり踊ったりしている男性陣は、すぐには集まらない。会長の再三のアナウンスのあと、勿体をつけるように4つの踊りの集団が鐘の音と共に公民館の広場に入場してきた。

男性陣は、棒を使った勇壮な踊りで、時に奇声を発し、何かを威嚇するような所作が目を引く。この型は「南ヌ島(フェーヌシマ)」という類型で、南方から漂着した原始的な人びとの呪術的な踊りを再現したのがルーツといわれている。棒術は5人一組で息の合ったところを披露する。豪快で雄々しい野原の男たちは、この日はいつにもまして男前だ。

続く女性陣の巻踊りは、そろって扇を揺らす手がなまめかしい。また竹を鳴らす手が月夜に映えて美しい。男性の後ろから進んで行き、最後は輪になって宮古島独特の「クイチャー(雨乞い)」スタイルになって一体感を増していく。

野原生まれの上里清美さんは、真っ先に自衛隊ミサイル部隊が来ることに反対の声を上げた女性のひとりである。ほかの集落に嫁いではいるが、年に一度、十五夜には故郷のマストリャーに参加している。前日のリハーサルにお邪魔すると、反対運動の現場にいる時とはまるで違って、穏やかな表情で踊る清美さんがいた。祭りでは、おごそかな気持ちになると話してくれた。

「月が私たちを照らしているねえ。先祖からずっと、私に連なる人たちも、ここでこうして踊っていたはずねえ、と思うと、おごそかな気持ちになるわけ」

少女のように高揚した表情だ。

「野原は変わらない。変えてはいけない。賛成とか反対とか、分断されてもひとつの大事なものをみんなで守ってきたから。こうして自分たちをつないでいるものに、誇りを感じているから」

現場で眩しいほどのキラキラした目で語ってくれた清美さん。

でも、私はこの場面を編集していて顔がくしゃくしゃになってしまった。数日前に、千代田カントリークラブの工事が始まってしまったこと。結局、止めきれなかったこと。この笑顔を守ってあげられなかったんだ。野原の誇りを、先祖から丁寧に紡いできた営みを、国防の二文字で握りつぶしていくあの暴力から救えなかったんだ。そんな思いがあふれ出てきた。

2年前の春。私にとって大事な大事な宮古島の文化を、軍靴で踏み荒らすような真似は絶対にさせない。そう決心して宮古に通い、撮影して映画にして全国行脚もしてきた。これまで私は、沖縄本島で基地建設の予定地とされた場所が、どう頑張り、どう苦しみ、どう分断され、そして自然が壊されていくかを見てきた。1995年からずっと最前線で見て、記録し、警鐘を鳴らしてきた。なのに、高江も守れなかった。辺野古も工事が加速度的に進む。そして今度は野原の人たちの笑顔さえ、目の前で壊されていくというのか。そんなの、もう耐えられない。

自衛隊が本当に島を守る役割で宮古島に入って来るのか。個々の隊員がそのつもりでも、このままではアメリカ軍の戦略の駒として日本の若者の命も、沖縄の土地も無益な戦争に差し出されてしまいかねない。日本を初めて公式訪問するというのに、トランプ大統領は空軍が着るボンバージャケットで横田基地からやって来た。そして「北朝鮮のミサイルを打ち落とすべきだった。どうした、サムライ」と安倍晋三総理を煽って武器をじゃんじゃん買えと言った。

武器を持って、アメリカの二軍としてアメリカの防波堤となれ。そうあからさまに言っているではないか。北朝鮮も中国も厄介だが、第一列島線*の中でことを収めろ。韓国と日本はちゃんと役割を果たせ。こんな構図に取り込まれて日本のトップはどうやって日本国民を守れるというのだろう。少なくとも、今の政権がアメリカの言いなりで南西諸島に配置するミサイル部隊など、県民にとってろくなことにならないのは自明のことだ。

＊ 中国が想定する海洋上の軍事的防衛ラインで、日本列島、台湾、フィリピンなどを結ぶ線。

10

２０１８年３月２日

軍隊と共に心中する覚悟がありますか？

——島に軍隊が来るということ

島の運命を左右する、いや、日本の「戦争をめぐる政策」に大きく関わる選挙が目白押しの沖縄。今度は石垣市長選挙だ。自衛隊ミサイル部隊の配備が既定路線のように押し付けられていく島々で、石垣だけはまだ用地取得も済んでいない。奄美、宮古島ではすでに基地建設は着工された。２年前から駐屯開始している与那国島では、巨大な弾薬庫も完成する中で、最後の砦になっているのが石垣島なのだ。

石垣市長選挙は３月４日告示、３月11日投開票。現職の中山義隆市長と元県議の砂川利勝候補の２人は自衛隊誘致派、一方自衛隊基地建設に反対する民主団体や政党が統一候補として推す宮良操（みやらみさお）候補の三つ巴（みどもえ）の闘いになっている。

自衛隊のこと、計画されているミサイル基地の役割、軍事問題に無縁だった市民にその是非の判断を迫るのは無理がある。しかしこの選挙で宮良氏が勝利しない限りは、石垣への自衛隊配備は決定的になるだろう。だからこそ選挙に臨む前に、配備の内容、目的、今の国防をめぐる常識、何よりも軍隊と同居するというのがどういうことなのか、基礎的な情報を知ったうえで投票して欲しいので、今回は1月末に石垣島で行われた元自衛隊員の講演の様子を動画でアップした。そして全国のみなさんも、たぶんこの講演内容には驚愕（きょうがく）すると思う。

石垣島での講演に招かれたのは、元陸自レンジャー隊員で、ベテランズ・フォー・ピース・ジャパン代表の井筒高雄さん。南西諸島の軍事利用には早くから警鐘を鳴らしてきた人物だ。

元陸上自衛隊レンジャー隊員の井筒高雄さん

「有事の際、国民を保護するために自衛隊がいるのではないんです。国を守るために、あるいは自衛隊の基地を守んなきゃいけないんです。みなさんを守って自衛隊基地がやられてしまったら自衛隊は反撃できませんから。防御できませんから。みなさんを守らないんですよ？　自衛隊は基地を守るんですよ。国を守るんですよ。権力者を守るんですよ」

　いきなり核心に迫る話だ。元自衛隊員に「戦争になったら自衛隊は国民を守らない」と言われてしまえば、面食らう人も多いだろう。私は今、7月公開予定の沖縄戦のドキュメンタリー映画『沖縄スパイ戦史』の制作の真っ最中だから、いかにして日本の軍隊が沖縄県民を守らなかったか、守れなかったかに日々向き合っている。もっと言えば秘密保持のために住民を殺してしまったり、お互いに殺し合う「自決」へ誘導したり、死の病マラリアが蔓延する地域に押し込めていった、その様相とがっぷり四つに向き合って映像をつないでいるので、「軍隊は住民を守らない」は、スッと理解できる。でも、大方の国民は、「自衛隊は別でしょ？　あの時の日本軍と、今の自衛隊は、まさか別物でしょ？」と思っているのだと思う。けれども、どうやら井筒さんの言うことが正しいのだ。もう少し聞いてみよう。

「避難計画は示されていますか？　国民保護計画はどのくらいの人がその存在を知っていますか？　どこに逃げるんですか、この島の人たちは。説明受けましたか？　有事になったら、みなさんは避難民として、安全な場所に逃がしてもらえる訳じゃないんです。自衛隊法１０３条を使って、業務従事命令とか、自衛隊に協力を求められるんですよ。こういう真実を防衛省はちゃんと説明しなきゃダメなんですよ。基地を押し付けるんだったら」

自衛隊法１０３条は物資の収用、業務従事命令について定めている。つまり徴兵制なんかなくとも有事の際、私たちの国では国民が軍隊に力を貸さないといけないことになっている。しかも、15年前の有事法制関連法案が可決成立した時に恐ろしいことが決まっていたのを案外国民はスルーしているが、自衛隊の活動を円滑にするために私有地や家屋の強制使用も認めてしまった。病院、学校などの施設だけでなく、個人の住宅もだ。燃料、医薬品、食糧の保管と収用も命じることができる。つまり、軍隊が優先して使うので、医薬品も食糧も保管命令＝使うな、収用＝差し出せ、ということになる。これは、1944年に沖縄守備軍が入って来て、学校は兵舎になり民家も提供し、やがて沖縄県民に餓死者が続出しても食糧提供を民間に強制し続けた沖縄戦の姿とぴったり重なる。

私は今、沖縄戦のマニュアルともいえるいくつもの大本営作成の「教令」を読み込んでいるのだが、たとえば1944年につくられた「島嶼守備部隊戦闘教令」では、「第二十二　住民の利用」という項目がある。これは非常に恐ろしいことが書かれているので現代語で要約する。

「第二十二　住民の利用」

島の戦闘は住民をいかに利用するかにかかっている。喜んで軍のために労働をさせ、あるいは警戒や（お互いの）監視の仕事をさせ、またどんどん食糧の供出をさせ、最後は直接武器をとって戦闘させるまでに至らしめねばならない。不逞（ふてい）の分子に対しては断固たる処置（スパイは処刑）を講じなければならない。

この方針のもとに沖縄戦は戦われたのだが、同じ内容はその後に出される教令にも引き継がれ、本土決戦のマニュアルとして書かれた「国土決戦教令」にまで引き継がれていく。つまり、沖縄や南の島だからこんな酷いマニュアルをつくったんでしょ、本土の私たちはもっと大事に守られるはずよ、と思っている人がいるとしたら残念ながらそれは勘違いだ。それが73年前の日本軍のスタンスであったし、恐ろしいことにそれは現在も何ら変わっていない。

「戦争の基本をお伝えしますね。戦争になったら軍人より多く死ぬのはその地域に暮らす国民です。市民です。場所が日本であるかどうか、関係ないです。戦争当事国の普通の市民の方が、兵士、自衛隊員より多く死ぬ。この現実をしっかり認識すべきです」

ここに面白い資料がある。戦争による被害者の、軍人・民間人の割合は時代とともに明らかに変わっているのだ（杉江栄一・樅木貞雄共編著『国際関係資料集』１９９７年、法律文化社）。

第一次世界大戦は軍人の被害が92％で民間人は５％（この資料では、合計１００％になっていない）。

第二次世界大戦では軍人の被害52％で民間人が48％。

朝鮮戦争では軍人の被害15％で民間人が85％。

ベトナム戦争では軍人被害がたったの５％で、95％は民間人の犠牲だ。

つまり昔は兵隊が死ぬのが戦争だったが、今はいかに自国軍の兵士を守りながら戦うかを重視した戦法、兵器にシフトしているということだ。対中国戦略の中で想定される「先島戦争」

のシミュレーションがどうなっているのか分からないが、公にされている「離島奪還訓練」から分かることもある。日本版海兵隊「水陸機動団」が、いよいよ今月27日に正式発足する。彼らがアメリカ海兵隊と共に訓練してきた「離島奪還作戦」は、敵に制圧されてしまった日本の島（有人島を想定）に十分な空爆を加えてから水陸機動団が上陸して奪還する訳だから、その局面だけを見ても、島に残ってしまった民間人の死者の方が遥(はる)かに多くなるだろう。

「現実を見ると、もうみなさんかわいそうだとしか言いようがないんです。だって『離島奪還』なんですよ？　離島奪還というのはどういうことですか？　みなさんは守られないんですよ。一回占領されちゃいますよ、と言ってるんです。みなさんが人質になるのか、収容所に入れられるのか、はたまたその国に持っていかれちゃうのか。そりゃ分かりません。そのあとに、離島奪還しますよ、自衛隊が、と。みなさんは人身御供(ひとみごくう)というか、日本列島、本土を守るための防波堤ですよ、与那国も石垣も宮古も。だってここ、離島奪還するんですもん全部。作戦で。みなさんを守るんじゃないんです。みなさんは、取られちゃうんです。取られちゃったのを取り返すという戦略を一生懸命練っているんですよ。それが先島の自衛隊配備の実態ですからね。勘違いしないでくださいよ。災害派遣のために来るんじゃないんですよ」

また、私たちは今度の映画で「スパイ虐殺」の実態を今につながる恐怖として明らかにしようとしているのだが、井筒さんは、自衛隊がいるところには必ず情報保全隊が来る、と話している。いわゆる情報部隊だ。自衛隊基地内の監視も、基地の外に住む住民の監視も、軍隊では重要な任務である。もちろん彼らは「住民をスパイするために来ました」という顔はせずに、地域の祭りに、学校行事に、会合に入って来る。そして住民をきちんと選別するという。自衛隊に賛成しているか反対しているか。自衛隊を敵視する住民をマークしなければ安心して作戦を遂行できない。彼らは「敵」と通じる可能性が高いと見るのだ。

そうやって沖縄戦の前後（地上戦になる前から、また第32軍が組織的戦闘を終結した6月23日のあとにも）に罪もない沖縄県民が大勢虐殺されていった事実がある。情報保全を担当する自衛官が島中を歩いて監視する、島民が情報収集の対象になるという島になっていいのか。この動きは軍隊が駐留する前から始まっていく。そして恐ろしい社会の変化をもたらす。

「いいですか？　戦争する時は『差別』をしないといけないんですよ。自分たちの味方じゃない人は攻撃対象なんです。自衛隊員も本音と職務のはざまで苛（さいな）まれています。私もそうでした。任務を遂行しなければいけないんですよ自衛隊員は。情報収集で、街は変わります。島の文化も変わります。変えないためには、みなさんが基地を造らせないように頑張れるか、頑張れないかです」

この講演を井筒さんはこう締めくくった。

「最後に、自由に発言できる石垣島を私は守るべきだと思います。自由に発言できるかできないか。自衛隊が街に入って来て町会に入って来て、行事に入って来て、言いたいことも言えなくなる。それは健全な民主主義社会とは私は言えないと思う」

自衛隊出身者がここまで言うのは、とても勇気がいるだろう。井筒さんは翌日、日本軍の強制移住命令のためにマラリアで死んでいった3600人あまりが祀（まつ）られている戦争マラリアの慰霊碑の前に立った。そして「なぜこの人たちが死ななければならなかったのか。また同じようなことがこの島で起きたら、犠牲者のみなさんに申し訳がない」と言って男泣きに泣いた。

私は、沖縄戦の地獄を経験した心ある軍人たちの呻（うめ）きが、井筒さんの身体を通して嗚咽となり、2018年を生きる私たちに最後のメッセージを発しているように思えた。

「島に軍隊を引き受けるということは、島民は軍と一緒に心中する覚悟があるということです。そのことを、政治家はちゃんと説明しましたか？」

元自衛官のこの言葉だけでも、石垣島の島民すべての耳に届けたい。

11

文子おばあ、石垣島へ

2018年5月30日

文子おばあがノーベル平和賞にノミネートされた！　想像してもみなかった展開である。

2006年、初めて彼女にインタビューした時、のっけから「なんね？　あんたは。私は戦争の話はしないと言ってるの！」と怒られた。それでも、以後なんだかんだと私は文子おばあにまとわりついた。南部で地獄のような戦場をさまよい、戦後は辺野古に住む島袋文子さん。彼女にフォーカスした理由は、戦争と、基地問題で揺さぶられ続ける辺野古をつなぐ貴重な存在であるということに留（とど）まらない。その短気で直感的な感性の持つ魅力、情にもろく、涙もろく、人を拒むように見せていながら自分の傷を隠そうとしない、意地と弱さのバランス。惹きつけられる要素をいくつもいくつも持っている女性だった。

「あんたは不思議だね。怒られても喧嘩（けんか）しても、また『おばー』と言って、来るんだからね」

呆（あき）れたようにそう言う文子さんと私の奇妙な関係が、あれから12年続いている訳だが、まさかノーベル賞委員会からノミネートの知らせを受ける存在になるとは。まあ、正確にいうと、

70年あまり平和運動に取り組んできた沖縄の人たち、という位置付けで、翁長雄志知事や山城博治さんを含む8氏2団体がグループで推薦されたのだ。

２０１８年のノーベル平和賞には３３０の個人と団体がノミネートされているというから、大変狭き門である。が、沖縄の人たちの平和を希求するたゆまぬ努力が国際社会で認知されていることは、何より勇気づけられる。その中でも、我らが文子おばあが大切な存在だと認められているのも、勝手な身内感覚ながら誇らしい。

その文子おばあは先月上旬、体調を崩し入院していた。あとで聞いたのだが、入院中、いよいよこれまでかなと思ったそうだ。ところが退院してすぐに私に電話があり、唐突に「八重山に行きたい」と言う。なんでも、石垣島の山里節子さんが、おばあのためのとぅばらーまをいくつもつくってくれているのだが、新たな一作が手作りのサーターアンダギーと共に届いて、文子さんはその内容に涙して、節子さんに会いに行きたい、と訴えているのだ。

その歌詞の内容は、私の感性で訳せば、

「水は流れて行くけれど、堰(せ)き止めることもできる。だから文子おばあも、時間の流れを堰き止めて、もう年をとらないでいてください。ずっと今のまま、私たちに力をくださいね」

という、節子さんらしい、お茶目で尊敬と愛があふれている歌だった。私は、自分の２つの映画の主人公である２人の女性が相思相愛になっていくさまを、とてもうれしく見ていた。しかし、突然石垣に行きたい、と言われても……。

　ちょうど、5月16日に自衛隊配備について予定地に近い於茂登で市長と住民の意見交換会があり、私は一泊で行くつもりでいた。でも、車椅子を押しながら撮影はできない。逡巡（しゅんじゅん）しつつも、私は一泊で来週行くけれど、と伝えると「私は行くならば、一泊という訳にはいかんさ。二泊はしないと」とケロッと言う。えーと、私も予算も時間も厳しいんだけどな、と言いかけたが、恩返しをするチャンスでもある、と思い直して「よし分かった。航空券も宿も任せて。体調次第でドタキャンも覚悟で段取りします」と言った。

　自衛隊のミサイル基地に抗（あらが）う地元の人たちを応援したい、こんな機会は願ってもないと、文子さんは於茂登に行く気も満々だった。辺野古の、数えで90になるおばあが現地に来てくれたと、喜んでくれる人もいるかもしれない。さっそく相談すると、幸い山里節子さんも大歓迎。あっという間に受け入れ態勢をつくってくださった。そしておばあのお世話をしながら石垣まで同行してもいいというSさんのご厚意も得て、80代、60代、50代の女3人の珍道中となった。

　大好きな文子おばあの前では少女のように無邪気になる石垣の節子さん。彼女がおばあのために用意していたプログラムは完璧だった。八重山古謡の会に招いたり、手作りの晩餐会（ばんさんかい）を開いたり、節子さん自らハンドルを握りつつ、観光案内と要所要所に古謡やわらべ歌や即興曲が挿入される。歩くように気ままに停車するその運転は、きっと周りをドキドキさせたと思うが、それも石垣島ならではで、クラクションひとつ鳴らされなかった。私もなるべくこの奇跡的な旅の一部始終を記録すべく頑張った。その様子は、いつか何かで出したいけれど、あまりに中身の濃い時間だったので「文子おばあとセッちゃん」というテーマは今回は出し惜しみをすることにする。動画は、自衛隊配備の現場の話だけを編集した。

でもその前にひとつだけ、節子さんの魅力に痺(しび)れたエピソードを紹介する。

風光明媚(ふうこうめいび)で石垣観光のハイライトである川平(かびら)湾に文子おばあを案内した時のこと。エメラルド色のグラデーションの海を間近に眺めてもらおうと、白砂の上まで車椅子を移動させると、文子さんは足で白砂をかき分けながら、「なんてきれいな砂だろう！　真っ白で柔らかくて。ビニール袋がなかったかね、少し持って帰りたいけれど」と言った。

Sさんと私は袋を探したけれどなかったのでなす術なく立っていると、節子さんがサッと浜に自生する植物の大きな葉っぱを2、3枚ちぎり、いたずらの準備をする小学3年生の少女のような顔をして、重ねて広げた葉の上に砂を集め始めた。そして首にかけていた白い手ぬぐいで葉っぱごと白砂を包み込んで縛り、器用に持ち手までつくって大きなおにぎりほどの包みをつくった。そして得意げに私たちに見せて、目をキラキラさせながらおばあにプレゼントした。

80歳の節子さんから89歳の文子おばあへの贈り物は、川平の白砂の葉っぱ包み。この、1円もかからないけれどおばあの最高の笑顔につながるギフトをとっさに繰り出す技を、この砂だけではない、旅のいろんな場面で私は見た。

誰かを自分のフィールドに案内して喜ばせたい、という状況に誰でも立つことがあるだろうが、今回、節子さんはじめ八重山の人たちが文子おばあに見せた歓迎は格別だった。何度も通ったこの島だが、おばあと同行したからこそ、その底抜けの深さを知った旅だった。

さて、本題はここからだ。奄美も宮古島も新たに配備される陸上自衛隊のミサイル部隊の基地建設がどんどん進んでいく状況の中、予定地の住民が結束して抵抗している石垣島が今や最後の砦となっている。しかし、容認派の中山義隆市長が再選され、包囲網はジリジリと狭められる中で、市長が「意見交換会」なるものを於茂登、開南(かいなん)という2地区を対象に今月16日に実施すると通告してきた。

この問題が持ち上がった3年前から、地元ではまず、国や防衛省を交えずに市長と住民で話し合いたいと要望していたが叶わなかった。それがついに開催されたものの、この日の参加者はたったの7人。ほとんどの住民が、遅きに失した「意見交換会」をボイコットした。その報道を見れば、話し合いを望んだのに拒んだのは住民、と早合点しそうだが、経緯はまったく逆だった。

おととしの暮れ、「年明けに住民と意見交換をする」と言ったはずの中山市長が、その年内に自衛隊基地建設をめぐる手続きの開始を許可してしまった。住民軽視に憤る公民館長らは、

まずは約束を破ったことを謝って、手続き開始を撤回して、ちゃんと市長として住民と向き合って欲しいと訴え続けた。ところが謝罪も撤回もなく、面会もままならず、こじれにこじれた末に「公民館という自治組織が話し合いに応じない」からと、行政の力で地域の学校の体育館を借りて意見交換会なるものを強行した。これには学校の父母らも反発した。学校施設を政治的なことに利用するのはやめて欲しいと要請。しかしすべては無視され、このイベントは強行された。出席すれば、手続きは踏んだとしてアリバイに使われる。出席しなければ、意見を聞くために地域に出かけて行ったが住民は応じてくれなかったという構図がつくられる。

思案の末、住民らは、このやり方自体がおかしいと会場の外で訴えながら、地域を限定せずに広く市民と意見交換ができる場をつくって欲しいと要請書を市長に手渡すことにした。しかし、動画にある通り、中山市長は完全に無視して会場に入ってしまった。
『標的の島 風かたか』の主人公のひとりである、元於茂登公民館長の嶺井善さんの苦悩の表情に、胸が締め付けられる思いだった。この3年で、農業に誇りを持って地域をリードしてきた精悍（せいかん）な顔つきだった嶺井さんが、眉間に深いしわが刻まれ、覚悟を決めた目つきに変わり、深い悲しみや怒りを宿したオーラを放つようになった。誰が、彼をここまで追い込んできたのか。何がこの地域を分断させようとしているのか。いばらの道を団結力で乗り越え歩んできた開拓団の村を、今さらに苦しめようとする力を私は心の底から憎む。

20年以上、辺野古の基地建設に抗ってきた文子おばあは、会場の外に集まった人びとに、「これは八重山の問題ではない。私たちみんなの問題です」と切り出した。沖縄が今またどんな残酷な運命に引き込まれようとしているのか、彼女にはよく見えているのだ。

「74年前、日本の軍隊が沖縄に入って来た時、私たちを守るものだと信じて自分たちの食べ物もみんな差し出したけど、軍隊は住民を守るものではなかったんです」

沖縄戦を一言で総括するなら、おばあの言う通り「軍隊は自国民を守るものではなかった」に尽きるのだ。第32軍の幹部だった神直道（じんなおみち）参謀は戦後、インタビューに答えてこう暴露している。「沖縄戦で、住民を守るということは、作戦に入っていなかった」と（「琉球新報」1992年7月22日）。では、自衛隊はどうなのか。悪（あ）しき日本軍の伝統を引き継いだのか、断ち切ったのか。容認している人たちは、そんな一番大事な沖縄戦の恐怖が繰り返されないという確信があるのだろうか。

「私はくやしいです」

文子さんは言った。

「みなさんのおじいさんおばあさんは、もう戦争が分からない世代です。あの苦しみを伝えられなくなってる。生き残った私には、それがくやしいんです」

なぜ、たくさんの血を吸ったこの島で、戦争の教訓が学ばれないのか。文子さんはギリギリとくやしがっている。心配、ではなく、くやしい、のだ。あのおびただしい死は無駄だったのか。いっそ死んでいた方が楽だと繰り返し思った戦後の苦しみは、意味がなかったのか。またも魔の手が忍び寄る石垣島に、死ぬ前に一度行って伝えることは伝えておきたい。節子さんに会うためだけでなく、おばあが切羽詰まって私に石垣に連れて行けと言ったのはこのためだったのだと、文子さんの一途な執念にまたも圧倒された瞬間だった。

12

2018年8月22日

ぬちかじり――命の限り抵抗した翁長知事が逝く

「なまからどー！　ぬちかじり、ちばらなやーさい！（これからですよ！　命の限り頑張りましょう！）」

集会のたびにそう呼びかけ、県民の喝采を浴びていた翁長雄志沖縄県知事。その翁長知事が、逝った。

政府が何が何でも辺野古の埋め立てを開始すると宣言していたXデー、8月17日を9日後に控え、翁長知事は突然旅立ってしまった。すい臓がんが相当身体を痛めつけていることは誰の目にも明らかだった。しかし「たとえ倒れることになっても」11月の知事選に立つのだと周囲に見せている気迫はこれまで以上だと聞いて、悪性リンパ腫から生還した山城博治さんのように驚異的な精神力で病を克服してくれるものと信じた。が、8月8日、翁長知事は天に召された。私は神を恨む。なぜこのタイミングで、彼を連れ去ったのか。

映画『沖縄スパイ戦史』が各劇場で順次公開され、舞台あいさつで各地を回っている時に訃報に接した。広島の横川シネマで詩人のアーサー・ビナードさんとトークに入る時、映画が始まる直前に知事が亡くなったことを伝えた。会場はどよめいた。アーサーさんの大きな目にも涙が溜まっていた。

「たぶん、他府県の知事という存在とは……違うと思うんですね」。私は地方自治法も適用されなかった米軍統治下の沖縄で、沖縄の人びとがどれだけ、自分たちの手で自分たちの知事を選ぶことができたら、とくやしい思いをしたのかを説明しようと試みた。

「だから、知事というよりは国王？　かな？　まあそれも違うけど（笑）、損ばっかりしている沖縄のために、家族を守るためにいつも闘ってくれる人。それはお父さんですよね。だからお父さんを失ったような。最後まで気を張って、楽にしてあげることもできなくて……」

そこまで言ったら顔がくしゃくしゃになってしまった。自分でもそこまで翁長ファンだった自覚はないのだが、失ったものの大きさに急激に打ちのめされつつあった。

私も報道畑が長く、物事をつい斜めに見る癖のついた人間だ。それでも、「辺野古だけはやめて」という沖縄県民の想いの先頭に立って身体を張っている大きなリーダーのもとで、いつの間にか勇気づけられながら、撮影をしたり発言をしたりしていたのだ。そのことにやっと気づいた。私でさえ、守られていたのだ。過去も現在も未来も沖縄を踏みつけてはばからない能面のように冷たい日本政府に対し、堂々と正論を言い、私たちの人権、生活環境を守るために、誰より先に矢面に立ってくれるリーダー、それを外側から描き出す仕事をしているつもりだった。けれどようやく分かった。私は紛れもなく一県民として、あなたしかいないと期待し、お願い、頼む！とすがるように応援していた人間だったのだ。ほかの県民とまったく同じように。

「うちなーんちゅ、うしぇーてぃないびらんど！（沖縄の人間を見くびるな！）」

オスプレイを強行配備するならば普天間基地を封鎖するぞ、と市町村長や議員らも座り込んだ2012年の9月末、当時那覇市長だった翁長さんがゲート前でこう叫んだ。このセリフは「いただき！」と思った。以後私はことあるごとにこのシーンを取り上げた。『標的の村』の番組、映画にもあえて何度も使った。こういうリーダーを待っていたんだ、という熱気と共にこの言葉と翁長知事待望論は広がっていった。

『戦場ぬ止み』という映画は2014年、翁長知事を誕生させる島ぐるみの大きなうねり、激動の沖縄を捉えている。辺野古には基地を造らせないと訴える翁長さんを取り巻く観衆が、数百人が数千人になり、1万人を超えたセルラースタジアムで菅原文太さんが駆け付けた時の熱狂はまさに地鳴りのよう。島を揺るがすほどのエネルギーだった。

『標的の島 風かたか』では、国に訴えられた翁長知事が法廷に立つ時に、裁判所前に詰めかけた大勢の県民から声援を受けるシーンがある。そこで知事はこう言った。

「私はいつも厳しい時、苦しい時、思うのは、私たちのうやふぁーふじ（先祖）は、私たちとは比べものにならない苦労をして、伝統文化、アイデンティティーを引き継いでくれた、ということです。そして、将来の子や孫の世代が、あの時、つまり今の我々が頑張ったおかげで、私たちがあるんだね、と言ってくれることを想像して、頑張っていかなければなりません」

そして翁長コールを背に裁判所に入っていく姿。これは映画には入っていないが、裁判所の道向かいで群衆から離れてひとりそわそわとしているおばあさんがいた。どうしたんですか？と話しかけると「ここから応援してるんですよ。たったひとりで国に立ち向かって。少しでも気を送って、と思ってね。かわいそうに、私たちのために、ひとりでね」と目を真っ赤にして裁判所の建物を見つめていた。彼女にとっては、自分より若い沖縄の青年が全部被って大きな敵と闘ってくれていると映るのだろう。上の世代からも下の世代からも惜しみない応援のエネルギーが注がれていた。こんな知事が他府県にいるだろうか。

そして就任以来、「辺野古埋め立て承認の取り消し」「国が知事を被告にした裁判」「和解勧告」そして作業中断後の工事再開、そして「承認の撤回表明」と、ありとあらゆる民主主義の手続きの中で可能な手段を駆使し作業を遅らせてきた知事だったが、安倍政権は、ある時は面会を拒否し、沖縄冷遇に徹して、粛々と工事を進めてきた。そして宣告された8月17日を前に、いつ撤回のカードを切るか、という政府との神経戦に入って間もなく、翁長さんの命の灯は尽きてしまった。

しかしその結果、あれだけ政府が、今度こそ埋め立てを本格化して辺野古の息の根を止める、とばかりに喧伝(けんでん)した8月17日に、作業は行われなかった。政府は表向きは台風の影響だとしたが、強行すれば、知事を失った悲しみに暮れる沖縄県民の怒りに触れて知事選に不利になると判断したのだろう。あらゆる政治手続きのカードを苦心して切ってきた翁長知事は、奇(く)しくも、最後は自らの「死」をもって目前に迫った土砂の投入を止めた形になった。なんて壮絶な幕引きなのだろう。

何としても辺野古への埋め立て土砂の投入を止めたいと、政府の決めたXデー直前の11日にはずっと前から大規模な県民大会が組まれていたが、知事逝去を受けて辺野古阻止の県民大会は翁長知事の追悼式の様相を呈していた。当初予想した倍以上の7万人が台風の雨風をものともせず結集した。今回の動画は、できるだけ多くの県民の想いや表情を見て欲しくて、20人のインタビューを入れて大会の様子を12分にまとめている。沖縄県民の、世代や立場を超えたこの悲しみと怒りをぜひ見て欲しい。

沖縄のおじいたちはことあるごとに私にこう現場で教えてくれた。

「勝ったかどうかじゃない。闘ったか、闘ってないか。それが大事なんだ。それこそが、子や孫へ贈る財産なんだ」

父や祖父があきらめずに闘ってくれていたことに、子の世代はいつか気づく。誰のためにそうしていたのか。どんなにつらく、でも誇らしいことだったのか。そしていつの間にか、自暴自棄になったり逃げたりするより立ち向かうことを選べる自分、いくつもの抵抗の仕方を見て知っている自分を発見するだろう。それこそが、他人が奪うことができない本当の財産だ。

翁長知事は県民すべてに、まんべんなく、泥棒も権力者も奪うことができない宝物を与えてくれた。命限り大事な人たちのために闘う姿を、最後の最後まで見せ続けてくれた。そして彼のマブイ（魂）は150万個の光る宝玉となり、すべての県民の心にそっと宿ったのだ。私はこの時代に沖縄に生きていることを幸いに思う。観察者や撮影者としてではなく一県民としてあなたを選び、想いを託し、あなたを支え、一喜一憂しながらも民の力を信じ、民主主義を実践で学びながら激動の時代を共に過ごせたことを誇りに思う。

翁長さん、翁長さんはいいチャンスをくれましたね。沖縄県民が心をひとつにしたら想像もつかないことが起きる。その予言は本当かもしれませんし、今なのかもしれません。あなたが命がけで守ろうとした辺野古の海を、「守り切りましたよ」と報告できるように、心をひとつに結んで頑張る県民の姿を、どうかご先祖たちと共に見守っていてください。間もなく旧盆ですね。ご馳走とエイサーで一息ついて、心安らかに祖霊となって私たちを導いてください。

13

２０１８年10月3日

勝ったのはうちなー（沖縄）の肝美らさ（真心の美しさ）

――デニー知事誕生

それはいつまでも見ていたいカチャーシーだった。

当選確実の報道が、歓声と拍手を呼び会場を揺るがした。三線をかき鳴らす音が聞こえるや否や、天を仰いでいた玉城デニー候補がおもむろに両手を挙げて前に進み出た。大きく身体を反らし、拳をくねらせ、慣れた手つきで右へ、左へ。愛想笑いもなく、調子を合わせているのでもなく、自分の内面に押し込めた感情を見つめ、大事な人へのあふれる想いを徐々に開放していくような、空を見つめる琉舞の所作にも似た、玄人はだしの「舞い」だった。長年人気タレントとしてテレビ・イベント・舞台でも活躍し、沖縄の芸能にも造詣が深いデニーさんの個性が光る瞬間。そしてこの柔らかな物腰で、「辺野古基地建設反対」にもう一度県民の想いを結集させ、過去最多の39万という票を集めたその底力に、あらためて目を見張った場面だった。

大型で非常に強い台風24号は投票前々日から投票日の朝まで沖縄で荒れ狂った。25万戸が停電するという近年なかった被害を出し、とても期日前投票どころではなかった。これはどちらにとって吉と出るか凶と出るか、さまざまな憶測が飛んだ。読めない選挙になってしまった。文子おばあの仲間たちは、ある名護市議の事務所に自家発電機を入れ、みんなでテレビを見守るということになり、信号も街灯も消えている道を文子おばあと共に事務所に向けて車を走らせた。

投票箱が閉まると同時にさまざまな情報が飛び交う。沖縄県内の放送局はどこも当確を出していないのに「長野のテレビ局が当確を打った」だの、「北海道の友人からお祝いのメッセージが来た」だの、情報は錯綜（さくそう）した。なんせ停電でパソコンは不自由だし、またアンテナも倒れているせいかテレビの受信状況も悪く、開票の夜はえらく情報過疎だった。おばあはそれらの情報に一喜一憂しない。「ぬか喜びはしたくない」と口を一文字にして、テレビ画面を食い入るように見ていた。

「相手候補（佐喜真淳候補）の方は菅とか、小泉の息子さんとか呼んで、あれだけ政府丸抱えで札束で顔を叩いて。うちなーんちゅはこんなのに屈してはいけないんだよ。くれるものは、こっちが頼んでもないのにくれるというならもらえばいい。でもね、心まで渡すことはないの。そこが心配」

文子おばあは車の中でずっと「沖縄県民の弱さ」を憂えていた。ここまで来て辺野古を容認するリーダーを選んでしまえば、政府の好きなようにされる。振る舞われた牛汁にもおにぎりにも手は付けない。食欲はない。あるはずがない。

　文子おばあは4年前からキャンプ・シュワブのゲート前の座り込みに通い、建築資材を積んだトラックの前に立ちはだかって「私を轢(ひ)いてから通って行け。それができるか？」と啖呵(たんか)を切ってきた。体力の限り、連日座り込みに参加した。4年前に翁長知事が当選した時には「生きてきて良かった」と、初めて自分の人生を肯定する言葉を発した文子さんのことをずっと見つめてきた。あの日の歓喜と、翁長知事を先頭に政府の強硬姿勢に抵抗した日々と、ついに完成してしまった護岸と、知事の死去。激動の4年間を経て、今日、この期に及んでまた彼女を打ちのめすような結果が出たら、そんなシーンは正視できない。撮影する自信もない。89歳、4年後の知事選など見えない、待てない。私の胸は何度もぎゅっと苦しくなる。

　一分一秒が長く、息が詰まる時間が過ぎていく。そして時計が午後9時半を回る頃、NHKが当確を出した。デニーさんのいる会場は全員が立ち上がり歓喜の声に埋め尽くされた。ほぼ同時に名護市の事務所も大騒ぎ。指笛とカチャーシー。たぶん、ここだけではなく、県内無数の現場で同時にカチャーシーが踊られていたことは疑いがない。しかも大差だ。次点の佐喜真淳候補と、8万票もの圧倒的な支持の差が歴然となったのだ。

「うちなーんちゅは、肝心(ちむぐくる)は売らなかった」

「勝ったのは、うちなーの肝美らさ。負けたのは沖縄を見くびった政府」

「うちなーんちゅ、うしぇーてぃないびらんどー」

沖縄県民を舐めるな。見くびるな。子や孫のために命がけでこの島を守りましょう。今も聞こえる翁長知事の声が、沖縄県民の心をちゃんとつかんでいた。徐々に伸びる護岸がぐるりと海を囲み、閉じられた時にはもう、抵抗しても無理なのでは？と心が折れそうになった県民も多かっただろう。それでも、ここで折れたら翁長さんの踏ん張りはどうなる？ 子どもたちに胸が張れるか？ そう自問した大人たちがたくさんいたのだ。これはすごいことだ（動画参照）。

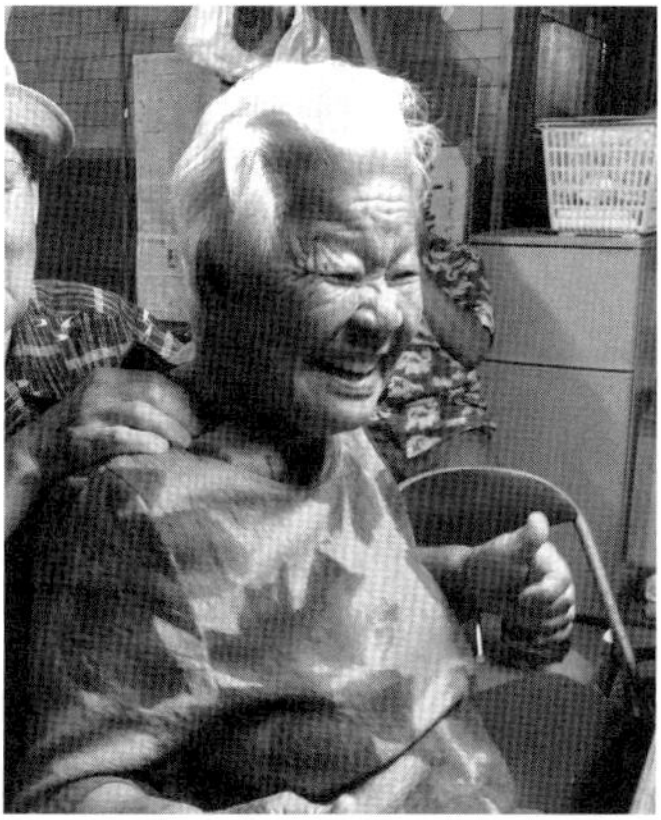

大勝利だ。とはいえ、デニー知事の行く手は険しい。沖縄県は法に則って仲井真弘多元知事の埋め立て承認を撤回した訳だが、政府は県を許さないだろう。また裁判で県の撤回を無効化する手段に出て、工事の再開を目論むだろう。それこそ三権分立をないがしろにして行政と司法が結託し、さらには立法機関までも歩調を合わせかねない危機的な状況が迫っている。でも、かつて恩納村の都市型戦闘訓練施設の建設をめぐって村を挙げて闘った長嶺勇さんはこう言っ

玉城デニー候補の当確が報じられた瞬間の島袋文子さん

た。

「これから三権が一丸となって沖縄に暴力的に襲いかかってくるでしょう。それは想定している。しかしそれには屈しない。今日のこの結果が、自信と勇気をくれた。沖縄の闘いは、県民一人ひとりが主人公なんです。今日勝ったのは玉城デニーさん。だけど私たち県民一人ひとりの勝利なんです」

踏みつけられれば踏みつけられるほどに強くなっていく民草。「弾圧は抵抗を呼ぶ。抵抗は友を呼ぶ」といった瀬長亀次郎*さんの言葉通り、沖縄を丸ごと屈服させることが可能であるかのような幻想を持っている政治家は、いつか必ず自分の見識の浅さを恥じる日が来るだろう。

「自立と共生、そして多様性。それを県政運営の柱としたい」とデニーさんは言う。

誰ひとりとして置いてけぼりにしない政治。アメリカ人の父の顔も知らず、伊江島出身の母と、育ての母と、2人の母のもとで裕福ではないながらも人に感謝しながら生きることを身に付けたというデニーさんの人柄は、優しく、明るく、誰に対しても丁寧でこまやかだ。沖縄のアイデンティティーの規定の仕方も、ユニーク。誰も排除しない、お互いを尊重して共に生きる沖縄の肝心こそ沖縄のアイデンティティーだと言う。血筋や生まれた場所や宗教や立場や、そういうものに寄りかからないというのは私には新鮮だった。かつての沖縄のリーダーたちとはまた違った、大きな包容力を持った知事が誕生したことの意味は、実は大きいのかもしれない。

ホッと胸をなでおろした文子おばあは言う。

「うちなーんちゅは心をひとつにしたんだから、もう政府には踏みつけにされないだろうと私は思っている」

選挙で民意を示したのだから、政府は無下にはしないだろう、なんて私はそんな風に楽観できない。今まで何度民意を示しては踏みにじられたか。でも、おばあは、もう踏みつけにされないと期待している。誰に？　その他大勢の、日本国民に対して、だ。今度こそ届くと信じているのだ。だから、私は伝える仕事でおばあの想いをお手伝いしたいと思う。全国の人たちを信じて、毎日座り込んでいる人たちのことを伝えないといけない。伝わってないからこの悲劇が続くのだから、知ってもらうために頑張るしかない。

＊　アメリカ軍の支配に不屈の精神で立ち向かった沖縄の政治家。那覇市長、衆議院議員などを務めた（1907〜2001）。

14

地図の上から島人の宝は見えない
——市民投票に立ち上がる石垣の若者たち

2018年11月21日

今、沖縄では2つの住民投票の手続きが進んでいる。いずれも軍事基地の建設に絡むものだが、ひとつは、辺野古の基地建設の是非を問うもので、すでに10月31日に公布された県民投票条例に基づいて来年2月に実施予定。そして、もうひとつはまだ条例制定請求の署名が始まったばかりだが、石垣島への陸上自衛隊ミサイル部隊の配備の賛否を問う石垣市民だけの住民投票だ。

今回は、とても面白いことになっている石垣の住民投票に向けた活動のことを書くつもり。だが、その前段に沖縄全体でこれから取り組む県民投票について触れない訳にはいかない。しかし、この話題になると私は筆が進まない。

この4年の流れを思い出して欲しい。何があっても辺野古は造らせないと公約した翁長雄志知事が当選し、知事選直後の衆議院選挙では辺野古容認の議員がゼロになるほどはっきり民意を示しても、政府はまったく態度を変えなかった。次の手段は埋め立て承認の取り消しだったが、その効力を国に取り消され、県と国の対立構造は深まり、法廷闘争になっていく。並行して取り組まれたあらゆる行政、市民運動各レベルの抵抗。国内外の学者や文化人からの応援も、全国から辺野古基金へのカンパも集まった。しかし、国はさらに圧力を強めて高江へリパッド工事の強行、リーダーらの不当逮捕に長期勾留と、抵抗する人びとを弾圧した。

そして、ジリジリと護岸工事が加速する。「県民投票をしてはどうか」という提案がオール沖縄を牽引する側から出てきた時に、現場に歓迎する声はほぼなかった。知事がいつ、「撤回」のカードを切ってくれるのか、と疲労困憊の身体に鞭打って工事現場で抵抗する人びとからすれば、知事や県が動かないで、県民投票という下からの運動をさらに盛り上げていけと言われても、もう余力などない、と泣きたい気持ちだったと思う。そして「県民投票」をめぐる意見の対立で有力者が離れていくなど、「県民投票」は心労の種ですらあった。

私は個人的に「住民投票」へのアレルギーがある。１９９６年の県民投票と97年の名護市民投票を全力で取材して報道して、「住民投票」という新たな民主主義の手法におおいに期待し、法的拘束力がないという欠点を超えていく可能性を信じてエネルギーを注いだものの、「基地はたくさんだ」という民意を示したところで、それが何の役にも立たなかったと認めざるをえないその後の展開を一つひとつ、何年もかけてまた自分で報じていくことになった。その苦さを忘れることができない。「あの住民投票は、いったい何だったのですか！」と泣きながら叫んだ名護市民たちの修羅場をいくつも取材しながら、私も一緒にくやし涙を流してきたのだ。あの時は今より若くて、すぐに希望を持ったり信じ込んだりした。だから落胆も並じゃなかった。もちろん、私以上に傷ついた人たちが大勢いた。

当時、住民投票の中心人物だった男性で、東海岸の自然を活かした開発の絵図を描いていた方を私は取材していた。名護市民が住民投票で堂々と辺野古基地建設にNOを突きつけた時、一緒に歓喜した。これで苦しみは終わる。ジュゴンの見える丘を中心にハンググライダーやエコツアーでみんなが笑顔になる地域づくりも夢ではないと思った。しかし当時の名護市長が住民投票の結果を完全に無視してその直後に基地受け入れを表明し、事態は急展開した。しばらくして、その男性が自殺を図ったと聞いた時には凍り付いた。幸い命はとりとめたものの、すっかり無口になり、もとの元気な姿を見ることはなく、早世された。

私は仏壇に手を合わせながら、その時は歯ぎしりしながら耐えて、奥さんにあいさつして車に戻ってから号泣した。彼の人生を削り取った犯人は誰だ。それを突き止めて、謝らせて土下座させて、二度と同じことをするなと言いたい。でも犯人を挙げることは私にはなかなかできなくて、つましい生活を守りたいだけの人びとの、ささやかな暮らしを削るショベルカーは、ずっとこの地域で唸り声を上げている。なんて無力なんだ。彼の家の前を通るたびに、今も私は息を止め、荒れ狂う記憶をやり過ごす。私にとって「住民投票」はその体験の中にある。

そんな後ろ向きな私の話はこの辺にして、今の勢いのある話をしよう。県民投票を求める市民団体の中心に元SEALDs*の元山仁士郎(じんしろう)さんをはじめ若い人たちが入って、疲れた大人たちをしり目に今年の春から独自に動き出したのだ。県内大手スーパーが賛同して各店舗の前で署名活動ができ、これまで既存の辺野古反対運動の輪には入っていなかった市民たちが署名に参加し始めた。新聞の投書にも、私たち一人ひとりの意見を表明する機会を歓迎したいという声が増えてきた。彼らは実に頑張って10万もの署名を提出するに至った(有効署名数は9万あまり)。

「住民投票なんて、危険よ。相手にこっちの手の内を教えるようなもの」

石垣島の自衛隊ミサイル基地建設に早くから反対の声を上げてきた山里節子さんは、以前から住民投票否定派だった。白保の海を守る運動の中心にいた節子さんは、安易に署名活動に手を出すと命取りだと警戒していた。実際、自衛隊配備問題をめぐってはすでに一度、条例制定の審議が行われたが、誘致派の与党会派が優勢のため否決されている。反対する人たちの名前と住所など個人情報を相手に教えてあげたようなものだと節子さんは冷ややかだった。

しかし先月末、「石垣島の自衛隊基地　年度内着工」の記事が県内2紙の一面を飾った。来年度から県の環境アセスの条件が変わり、基地建設もアセスが義務付けられることから、駆け込みで着工するのだ。同じ頃、石垣の自衛隊配備予定地に近い於茂登、嵩田(たけだ)の農家の息子たちを含む20代の若者が中心になって「石垣市住民投票を求める会」が立ち上がったというニュースも入ってきた。代表を務める金城龍太郎さんのことはよく知っていた。署名開始の大集会をやるというので、私はさっそく石垣に飛んだ。

そして今回の動画のハイライトは、市長も市議会も自衛隊容認という逆境の中で、大事なことはみんなで考えよう、島の未来は自分たちで決めよう、と立ち上がった20代の若者たちの姿である。それは、動画の後半をじっくり見てもらいたい。代表の金城龍太郎さんは、実は3年前から取材している嵩田のマンゴー農家、金城哲浩さんの息子さんで、彼が留学先のアメリカから戻って農業を手伝い始めた25歳の時に長々とインタビューをさせてもらった。穏やかで、笑顔が印象的な青年だった。世界の国々から戦争の恐怖をなくしたいと国連の職員をめざしたこともあったという。でも生まれた島と農業に正面から向き合っていきたいと、石垣に戻って来たと話してくれた。ハウスの中で柔らかい光を浴びながら両親と3人でマンゴーの世話をする姿が何か美しい絵のようだった。それでも、自衛隊の話になると彼の顔は曇った。

「同級生にも入隊した人が何人かいて。その話は同年代でもなかなか……」

もうひとり、『標的の島 風かたか』の中に登場する青年がいる。当時、於茂登の公民館長だった嶺井善さんがウコンの畑で若者に指導する場面だ。嶺井さんは、「地域の若者が農業を覚えてここで暮らし、結婚し、子どもを育てる。そうならないとぼくたちの地域がなくなってしまうから」と、後輩の育成に余念がなかった。そこで耕運機を操っていたのが、伊良皆高虎(いらみなたかとら)さん、当時25歳だった。その時に高虎さんは、たまたま同級生の龍太郎さんの話をしてくれた。とても優しくて人格者で、英語もできて、将来は島を背負う男になるというような話だった。龍と虎。私は、ずいぶん仲良しで、お互いに農家の跡取りとして助け合っているいい関係の2人なんだなあとしか思っていなかった。でも今回、住民投票を求める会を代表する存在になった龍太郎さんたちを見て、どこにこんな力があったのかと目を見張った。

♬
話そうよ　話そうよ　今日の出来事　未来の夢
咲かそうよ　咲かそうよ　色とりどりの花　みんなの心に
話そうよ　話そうよ　大切なこと　島のこと

「市民大署名運動会」と題したイベントは歌から始まった。ハルサー（畑人）ズ、というバンドを、金城龍太郎さん、伊良皆高虎さん、そして白保の宮良央(みやらなか)さんという農家の3青年で組んでいて、この歌は龍太郎さん作だとか。運動会に見立てた署名開始セレモニー、生演奏に、オリジナルビデオでは笑いも取りながら署名集めのルールを会場に伝えるなど、若手の手作り感あふれる集会は終始笑い声に包まれた。この種のイベントには足が向かない人たちも覗(のぞ)いてみたくなる、祭りのような明るさで、住民投票にネガティブな私の心も晴れてきた。「法的拘束力はないけど？　市議会で否決されたら？」とか意地悪な質問をしてはみたけど、それが場違いだと思えるほど肯定的な空間だった。そのパワーは、眉間にしわを寄せていた節子さんの表情の変化を見ても明らかだろう。頑張ってきた島のお年寄りたちもどんなに救われたことか。

元気をもらって沖縄本島に帰ろうとした翌日、地域の雑誌に投稿した龍太郎さんの文章を読んで私は頭を殴られたような気がした。「闘う農民のバラッド」というタイトルで彼が島の未来を思って書いた長文。その中にこんな一文があった。

「もし僕が死んだら、この世の権力によって殺されたんだと思って下さい。一応冗談です」

父親の哲浩さんは、「表に立つな」と彼を止めたという。狭い社会の中で顔と名前を出して国家権力と対峙する。お父さんも自衛隊問題が勃発した時の公民館長としてずっと表に出てきただけに、国からだけでなく島内からも飛んで来る矢の痛みをよく知っている。それは傍で見ていた龍太郎さんこそ誰よりも分かっているだろう。この明るい運動会の背景にはどれほどの覚悟があるのか。彼らはこの3年でそこまで追い込まれたのだ。この3年、結局、私たちの世代は、基地の島の苦しみを次の世代に引き渡したに過ぎないのか。先島の軍事基地化を全国に知って欲しいと頑張ってきたことも、次世代の防波堤にはならなかったのか。

実は、今回は女の子たちの声も取材しているが、動画には入れなかった。すべて覚悟して名前も顔も出すと決めた3人までにして欲しいという声が内部からあったからだ。賛成でもいい、反対でもいい、中立でもいい。でも、島の未来を考えようぜ?と問いかけることが、なぜ「すべてを覚悟」するほど悲壮なことになってしまうのか。しかし前半に書いたように、悲壮なのだ。国策に盾をつくこと。折れていく周りを見ること。無関心という暴力に打ちのめされ、人を信じられなくなること。「基地を造らないで」という闘いは、尋常な神経で長期間向き合い続けられるものじゃない。だからこそ、たとえば辺野古の闘いの20年が、石垣や宮古の軍事化に抵抗する人たちの土台になり、身体を投げ出して頑張ってきた大先輩たちの築き上げた台地の上から、次世代の若者たちにはずっとマシな闘い方をして欲しいと願う。せめて汗と涙の蓄積は彼らをいくぶん楽にしたと思いたい。しかしそれも老兵の部類に入った私の、安っぽい自己肯定願望なのかもしれない。

でも、今回分かったことは、彼らは本気で何もかも受け止めるつもりで、なおかつ明るく楽しくやろうと決めたということだ。「BEGIN」や「きいやま商店」を生んだ石垣島はほかの島とは違う。ハルサーズが音楽でこれをやれるのは、それこそ島人の宝を受け取った島の若者だからこそ。芸と情けの島の本領を、まだ私などは知っちゃあいないのだ。

「ちょうどよい。盾になるから、この島々にミサイルを置きなさい」と言ったのは、遠い安全な大陸から太平洋を牛耳りたいと思う権力者たちなんだろう。「隣の国が怖いし、南の島々なら犠牲も少ないだろうから我慢してくれ」と同意したのは、73年前の出来事を反省する力もないこの国のトップなのだろう。「とにかく警備員が多い方が、安心じゃない？」と思考停止した多くの国民がそれを可能にしている。しかし、みんな地図の上に浮かぶ小島のことを、何にも知らない。この島の宝を知るはずがない。それを知っている島人で島の未来を決めよう。彼らの主張はどこまでも正しく、真理であり、最大限に尊重されるべきだし、何の心配もなく最後までやり遂げる環境が守られるべきだと思う。

＊ SEALDsは「自由と民主主義のための学生緊急行動」の略称。第二次安倍内閣が提出した特定秘密保護法や安全保障関連法の動きに危機感を持った首都圏の大学生が中心となって２０１５年に発足、国会前デモで注目を浴びるが、1年あまりで解散。SEALDs RYUKYU（シールズ琉球）などいくつかの派生団体も生まれた。

15

２０１８年12月19日

埋められたのはこの国の未来
——辺野古の海に土砂投入

ポイント・オブ・ノー・リターン。もう引き返せない地点。政府は辺野古への土砂投入を12月14日から始めると一方的に通告し、「原状回復が困難な新たな段階に入った」と盛んに喧伝した。

くやしくて悲しくて、言葉もない。なぜ大差で辺野古移設反対の知事を押し出したのにこうなるのか。この国の民主主義は機能していないのか。国は、県との協議は形だけ。話し合いの間にも埋め立て作業を全力で進めた。怒髪天を衝く怒りモードに入っていくこともできる。でも、辺野古の報道に取り組んで21年、運命のXデーをこうたびたび設定されては鼻白む感がある。ポイント・オブ・ノー・リターンだって、既視感だらけだ。

２００４年、沖合埋め立て案で建設用のやぐらが辺野古の海にどんどん建っていった時も、スパッド台船がたくさんのサンゴを踏みつぶした時も、もう元には戻らないと気持ちが崩れそうになった。沿岸案になってV字の滑走路に名護市長が合意した時も、これまでの闘いが無に帰したと文子おばあと涙を流した。オスプレイが配備されてしまった日も、2014年夏に辺野古が80隻を超える船に包囲された日も、最初のブロックが海に投入されてしまった日も、護岸工事に着手した日も、日本中から機動隊が来て高江の工事が始まった日も、毎回私は半泣きで取材準備をし、ああもう戻れない、と自分の非力を呪った。

全部私にとってはポイント・オブ・ノー・リターンだった。だから、今回が最大級で、今度こそもうあきらめるポイントだよと言われても、最大級の悲しみ方が、もはや分からない。当初は8月17日の予定だったのが、翁長前知事の急逝で飛んでしまった。8月だったら、もっとどん底に悲しかったかもしれない。でも今回は少し違っているような気がした。泣くような日でもない気もするし、これ以上に怒れる自信もなかった。どんなトーンでこの日を迎えたらいいのか。早朝の真っ暗な道を辺野古に向かい、気持ちが定まらないまま現場に着いた。

土砂投入地点が見える陸上のカメラ位置を確認して、船上撮影するカメラマンを港まで送って段取りをし、ようやくゲートにたどりついたら朝一番、「遅い！」と文子おばあに怒られた。

「もうあたしはそこでさっき一戦交えたんだよ。車椅子ごと5人に丁寧に運んでもらったさ」

まだ暗いうちに一度排除されたと言って、おばあはどこか自慢げに笑った。なんだか明るい。頑張っても頑張っても、基地建設を止めることができない、と文子おばあが涙をこぼす姿を何度も見ているので、ちょっと拍子抜けした。あえて、もう引き返せないのかな?とシリアスな表情で迫ってみると、「あきらめてはダメ。時間はかかってもね」とおばあは冷静に言う。おばあ、時間はかかってもって、もう21年だよ？と切り返すと「まだまだ。あと10年、20年かかっても。粘って勝たないと、どうする」と諭された。思い定めた表情。ここまで来て、あきらめてたまるかという気迫がびんびん伝わってきた。

海上では、国が県の指導を無視して本部(もとぶ)半島から積み出した赤土を含む土砂が、台船に載って近づいていた。10時過ぎ、いよいよ護岸に接岸。土砂はショベルカーでトラックへと移されていく。政府が辺野古に基地を造ると言い出してから21年、何とか今日まで守り抜いた海に、こんなものを入れられたくない。窒息していく海を見たくない。あの世に行っても辺野古の闘いを心配し見守ってくれているであろうおじい、おばあ、懐かしい人たち、翁長前知事にも本当に申し訳ない。カヌーチームも同じ気持ちなのだろう。果敢にフロートを越え、全力で漕いでいく。次から次へと台船にアプローチするが、海上保安庁の「海猿」たちに確保される。しかし確保されても高くプラカードを掲げる彼らの姿に泣きそうになった。たとえ土砂を入れられてもあきらめるつもりはまったくないんだ、と全身で表現していた。

そうだ。今日、政府が「ハイ、沖縄の抵抗はこれまでね」という区切りを演出するなら、こちらは「いえいえ、昨日も今日も明日も粛々と反対しますよ。子や孫のために。私たちの国の民主主義のために。あきらめられる訳がないでしょう？」と全国に示す日にすればいいのだ。

「まだまだ今からですよ」
「たとえ完成したって、使わせない闘いをします」
「今日は踊ろうと思ってハーモニカを持ってきたのに」
「かえって県民の心に火をつけてくれてありがとう。これで県民投票は、みんなで危機感を共有できますよ」

動画をご覧いただければ分かるように、私が現場で集めたインタビューは、全然下を向いていない。翁長前知事の妻である樹子（みきこ）さんも駆け付けてくれて、ゲート前は故・翁長前知事の魂も共にあると大変湧き上がったが、その樹子さんは本土のメディアに囲まれる中、「こんなに民意がないがしろにされて。これでいいと思ってるの？　みなさんがしっかりして！」と逆に記者たちの尻を叩く場面も。うちなーんちゅ、うしぇーてぃないびらんど（沖縄県民を舐めたらいけませんよ）を地で行く県民パワーが現場にはあふれていた。痛快ですらあった。

しかし、もちろん明るいばかりではない。国会議員の照屋寛徳（てるやかんとく）さんも糸数慶子さんも涙ぐんでいたし、県議の山内末子（すえこ）さんは翁長さんに申し訳ないとマイクを持つ手を震わせていた。ここまでの長い道のりを思えば、それぞれにくやしさが滲（にじ）む。

私が辺野古の問題に出会ったのは32歳の時だった。ここまで長く苦しい道のりになるなんて思いもしなかった。でも、あれから21年も辺野古と向き合ってきたおかげで、政府というものがこんなに不誠実だとか、この国がこんなに壊れていることとか、アメリカはやっぱり日本を利用したいだけだし、日本自体、属国であることに疑問すら持っていないことを学んだ。そしてジュゴンや希少生物の宝庫である大浦湾の豊かさや、東海岸に生きる人たちの喜びと悲しみ、基地と共存を強いられた辺野古集落の悲哀、それを越えていく人びとの文化や知恵や、何よりも、圧倒的に強いものに対しても、あきらめず、折れずに闘っていく尊厳に満ちた人びとにたくさん出会うことができた。翻弄されただけではない。私は実に多くのものを「得て」いたのだ。こんな「負けた」格好の日に、私はそう思うことができた。それに引き換え、勝ったつもりの政府はこの日、実は大事なものを手放したのではないだろうか。

　なかなか振り向いてくれなくても、何度も手を振り払われても、それでも父の手を握ろうとする子どもに下した最後の一撃。家族だと思ってくれるだろうと信じて背負ってきた重い重い荷物は、もう持てなくなってしまった。岩屋毅（たけし）防衛大臣はいみじくも言った。「辺野古移設は日本国民のため」と。やはり、家族として大事にされる対象ではなかったのだという現実を、一度は里子に出したその子に気づかせてしまった。親を慕う気持ちがあればこそ、重さにも耐えた。そこを利用するだけ利用してきたのではないか。家族だという幻想さえ打ち砕いてしまうなら、冷酷な他人の荷物など、抱えて一歩だって歩ける訳がない。

　そして、人口のわずか1％に過ぎない一部の国民の苦しみなど興味もない、と見ぬふりを決め込んだ圧倒的多数の国民にとっても今日は失った日である。つかみ取っていたつもりの「主権」はたぶんあなたの手の中にもないが、そのことを自覚している人は少ない。

沖縄は、日本の戦後民主主義を映す鏡である。はたして今、国民は主権者として扱われているか。基本的な人権が保障されているか。三権分立は機能しているか。地方統治機構は国の下部組織ではないという地方自治の精神は生きているか。沖縄の現状から分かることは、どれをとっても今の日本は、はなはだ不完全だということだ。他府県のみなさんは、それは沖縄だからであって、私たちはまだちゃんと民主主義に守られているはず、とおっしゃるだろうか。残念ながら、それが日本の民主主義の到達度であり、国民の民度のレベルであり、この国の正体だ。

沖縄の現状をまっすぐ見つめてしまうと、この国の正体に向き合わされることになる。それは面倒だし、正視するには勇気も必要で、簡単ではない。辺野古の問題から目を背けるのは、沖縄に興味がないからではなく、無意識にこの国の現実から目を背けたい、突きつけられても何もできない自分と向き合いたくない、という防衛本能のなせる業なのだ。その「自己防衛由来の無関心の壁」に阻まれて、私がいくら映画や講演で全国にこの問題を伝え、燃えているのは沖縄だけではない、みなさんの服にも火がついてるんですよと力説しても、「沖縄は大変ね」という言葉が返ってくる。あくまで「私たちはまだ大丈夫だけど」と思おうとしている。

自分は加害者でも被害者でもない、と思いたい人たちが辺野古のニュースをスルーする。しかし、誰が加害者であるかを見極める目を磨かない限り、自分が被害者になるのを止めることはできない。だからスルーした人はぜひ、今回の15分の動画を見て欲しい。

ありとあらゆる民主主義の手法に則って「辺野古埋め立てNO」を突きつけ、それでも進む工事に身体を張って抵抗してきた沖縄県民の21年の蓄積を粉砕し、頭上から投下された政府の土砂。

埋められていくのは、辺野古の海だけではない。この国の未来だ。

圧殺されたのは沖縄の声だけではない。いつか助けを求める、あなたの声だ。

16

まだ黙殺を続けますか？
——沖縄県民投票で示された民意

２０１９年2月27日

軍事基地を造るために辺野古の海を埋めることについて、沖縄県民はどう思っているのか。日米両政府が決めたから、ではなく、あなたはどう思うか。これは聞かれたことはなかった。

すでに在日米軍専用施設全体の7割の負担を押し付けられている沖縄の人たちは、22年も前から賛成だ反対だと選挙に絡めては分断され続けてきた訳だが、さて埋め立ても始まったという今、２０１９年のこの瞬間、実際どう思っているのか。賛成か、反対か。このシンプルな問いは、かつて一度も、誰もちゃんと沖縄県民に問うてはくれなかった。そして2月24日、初めて正面から問われて出た結論がこれだ。

投票率　52・48％
埋め立て賛成　19％
反対　72％

どちらでもない　9％

圧倒的多数が「いやだ」と言っていることがあらためて明らかになった。

投票率で言えば、去年9月の県知事選挙の投票率が63％だったことと比較すれば低いという見方もあるかもしれない。でも自公陣営のすさまじい期日前投票動員が今回はなかった訳だから、もともと自分から投票に行こうという人の割合はこんなものなのだろう。

結局、投票した人の7割強、43万の沖縄県民が「埋め立て始まっているし、もう決まったんだからあきらめろと言われても、あきらめられませんよ。反対しますよ」という意思を表明した訳だ。ここまで工事が進んだ状況でも、なおかつ反対の票を投じに出向いて行くのだから、20年前の反対とは意味がだいぶ違うのだ。47都道府県が、1つのクラスをつくっていると想像してみて欲しい。

「46人のお友達がいやだって言ってるから、仕方ないんだ。ずっとやってきた君が、この仕事を引き受けなさいね」

先生と46人のお友達がずっと沖縄くんに「みんなの安心」と書かれた星条旗の柄の、やけに大きく重い荷物を持たせている。中には火薬が入っているのか、なんかキナ臭いし、汚染物質が染み出してきて手がただれてきたりもする。「苦しい」と言ったら、Aくんは言う。

「そんな苦しがられても、なあ。どうしろっていうんだよ。じゃあさ、みんなの安心をどうするのか、お前に名案はあるの？　対案もないのにそんなアピールばかりされても困っちゃうよ」

B子たちはくすくすと笑う。Cくんたちは聞こえないふりをして離れて歩く。先生は思う。この土地では星条旗軍団に気に入られないと学校自体が危ないんだ。あの荷物が本当にみんなを守ってくれるのか？　そんな難しいことは分からない。でも、みんなのための犠牲はある程度仕方ない。そういうもんだ、と。

こんなに不公平な構図を放置する日本の政治というのは、まさに故・翁長知事の言う「政治の堕落」だ。国の指導者たちが弱い者いじめを率先してやるさまを日々テレビが報じていて、この国からいじめがなくなる訳がない。大人になってからも、国のトップになっても、人は弱いものをいじめて生きていくんですよ、というメッセージを発信し続けているのだから。

「何で沖縄にばかり基地があるの？　いやだと言っているのに助けてあげられないの？」

子どもにそう聞かれて、県外のそれぞれの家庭の親は何と答えるのだろうか。

「そうよ、おかしいよね。だからお母さんは社会を変えようとビラを書いてるのよ」と言ってくれる親御さんの子どもには希望がある。

しかし、「かわいそうだけど仕方がないのよね……」と親が言うならば、いじめは仕方がないこと、黙って見ているしかないのよね、と子どもに教えていることになる。

今回、私は18歳と19歳の沖縄の子どもたちの圧倒的多数が反対に票を投じたことに驚いた。そして動画に上げている通り、若い子たちがめきめきと力をつけて行動し始めていることに目を見張っている。スマホやフェイクニュースにどっぷり浸かった世代である20代、30代の若者にはほかの年代よりも基地容認が多いのに比べ、選挙権を手にしたばかりの10代の感性は明確に「なんかおかしい！」に振り切っているのだ。この現象は何なのだろうか。

少年時代を沖縄で過ごし、SASPL（特定秘密保護法に反対する学生有志の会）、SEALDsと若者の政治行動の中心メンバーだった奥田愛基（あき）さんが開票の夜、辺野古まで来ていた。投票率を上げるため、県民投票連絡会の青年局が、沖縄戦の激戦地だった糸満の「魂魄（こんぱく）の塔」から辺野古までの約80㎞を歩くという意欲的な行動に出たのだが、その一員として歩いてきたのだ。

今、国会の前ではあの頃のような若者たちの姿を見ることはできないが、当時私は東京で、大阪で、政治的なイシューに真っ向から声を上げるかっこいいお兄さんお姉さんを見つめている中学生・高校生の姿を見た。イベントにセーラー服で来ていた女の子たち。彼女たちのあこがれは、年が離れすぎた山城博治さんには向けられないだろうが（失礼）、マイクを持って訴えるお兄さんたちは強い印象を残したと思う。そしてSEALDsは解散したけれど、今回の住民投票を牽引した27歳の宜野湾（ぎのわん）出身の青年、元山仁士郎さんはSASPLからの奥田さんの仲間である。だから私は奥田さんにこう言った。「奥田くんたちが生み出したもののひとつだよね、これは」と。すると、就職してすっかり大人になった感じの奥田さんは言った。

「いや、何言ってんすか。ぼくたちは辺野古や高江で頑張る人たちに触発されて、民主主義どうなってるんだって行動を始めた。ここからエネルギーもらったんですよ」

私が「今回、仁士郎くんがハンガーストライキに入った時には、さすがに勝算もなく丸裸でやってる感じがして心配だった」と言うと、奥田さんは「今回の住民投票をぶち上げた時からあいつ丸裸でしたよ」と言った。もし失敗したら逆に辺野古で積み上げてきた運動を台無しにしかねないと、現場からは突っぱねられ、保守からは叩かれ、ネットでは連日バッシングを受けた元山さんを、奥田さんとしては見ていられなかったのだと思う。

「あの純粋さと鈍感さと、図太さと……。ハラハラしますよね。それでもあいつがいなかったら今日はなかった」

職場への影響もあるから、と動画撮影はごめんなさいと言った奥田さん。でも沖縄に飛んで来る熱い想いが健在であることがうれしかったし、沖縄の若い子たちにとって県内外の「かっこいいお兄さんお姉さん」をたくさん間近に見る機会が確実にあったことがありがたかった。

県民投票に動き出した若者たちについて、文子おばあはこの夜、あらためて私に言った。

「元山仁士郎？　あれはね、1年前私に怒鳴られたんだよ。今現場がこんなに大変な時に住民投票なんて、失敗したらどうするの？　たった4人で始めた？　逆に大変なことになったら責任とれるの？って。そうしたら、おばあが怒ってるから話は終わります、とやめたんだよ」

　このテントで住民投票の話はするな！とまで言われ、1年前は針の筵（むしろ）だった元山さんたち。相当悩みながら進めてきたのだろう。現職知事の病気と、埋め立て承認撤回表明と、逝去、知事選……。この激動の1年で、住民投票の意味はどんどん変化していった。賛同しない自治体が次々に現れ、投票できない可能性がある地域があちこちに出てきて県民も揺さぶられた。でも結局は、県民が県民の手で自らの意思を示す機会を守り切った。それこそ民主主義を強固にするために乗り越えるべき壁となった。そしてそれらの動きを、10代の若者たちは注視してくれていたのだ。ちょっと上の兄さんたちが大人たちを説得したり、また距離を置いたりしながら頑張っていることも。古臭い感じがするけど地道に粘り強く住民運動をしてきてくれた大先輩たちの存在も。そしてこの日のゲート前のように、前から頑張っている大人たちと若者たちの行動が呼応し、手を取り合う瞬間の希望も。

　博治さんも、おばあも、県民投票の話が持ち上がった時には大反対だった訳だが、紆余（うよ）曲折を経て、今日この勝利の夜の2人の表情を見て欲しい。誰がこの笑顔を引き寄せてきたのか。この1年で多くの人が新たに気づいた「動き出すこと」の力。この1年で築いた民主主義の基礎。60万人が投票所に行き、参加して考えた熱量や、交わされたであろう会話の数々。県民投票が失敗だったか、成功だったか。それは獲得した票の数や投票率などの数字だけで測れるものではないのだ。

さて、政府は県民投票の結果いかんにかかわらず移設工事は進めるの一点張りで、最初から「黙殺します」というポーズを崩していない。防衛省は予想外の数字だったと本音を漏らし、動揺は見て取れるけれども、さっそく翌朝から埋め立て工事はフル回転で、土砂の投入は止まらない。しかし今回は主要メディアもトップニュースで報じ、海外の報道機関も活発に動いており、このまま投票結果を無視し続けることは民主主義国家としてありえないという状況だ。

ここまで来て、問われているのは政府の態度だけではない。沖縄の埋め立て反対の民意が確固たるものであるという今現在の県民の声を、民主主義に則った手続きにおいて沖縄県民は政権に伝えるだけではなく、国民にも知ってもらった訳であるから、これを聞いてしまった日本国民個々人も、民主主義社会の一員であるならばもはや傍観は許されない。

たとえばあなたが「自分は独裁政権を支持するつもりはない」としながらも、国防問題では「悪いが沖縄に黙って安倍政権のごり押しを呑んでもらいたい」と思い、でももし自分が困った時には「国民は主権者であるのだから、ちゃんと民主主義に機能してもらいたい」と思う矛盾した存在であるとするならば、今こそそれを自覚し正す時ではないだろうか。

「沖縄県民は反対みたいだけど、基地がないと困る人もいるんでしょう？　いろんな人がいるんでしょう?」と、なんとなく都合の良いうやむやを好んできた人も、沖縄がこれだけ苦しんだ日々の末、若者からお年寄りまで額に汗して打ち出した「辺野古埋め立てNO」という結果を受けたのだから「そうか、分かった」と言う潮時なのだ。この期に及んでまだ傍観者でいるとしたら、それは民主主義を大きな柱とする憲法を維持するための「不断の努力」を怠った未熟な大人であり、れっきとしたいじめの傍観者、つまり加害者側に立つ人間ということになる。

今回、ひとつの県である沖縄県が、残りの46人の生徒と先生に訴え出た満身の力を込めた叫びは、このクラスが本来の、お互いを思いやるいい関係に戻るための、ラストチャンスかもしれない。それを受けて、この国の空気を一緒になって変えようという流れをつくるのか、もしくは黙殺を続けて政府が沖縄をいじめ殺すまで傍観者を決め込むのか。どちらの道を行けばあなたの未来が開けていくのか、ぜひ、例外なくすべての国民に考えて欲しい。これは、みなさんが加害者をやめられるチャンス、再生するチャンスなのだから。

17

島の色が変わった日——宮古島に陸上自衛隊がやって来た

2019年4月3日

宮古島には地対艦ミサイル部隊、地対空ミサイル部隊、警備隊、合わせて800人規模の陸上自衛隊駐屯地が開設される計画だが、3月26日、先発の宮古警備隊380人の「編成完結式」が行われた。沖縄戦以来、陸兵が軍服を着て宮古島を闊歩(かっぽ)する姿など誰も見たことはない。だが軍事基地の島になることを望まない人びとのあらゆる抵抗も虚(むな)しく、ついに陸上自衛隊始動の日が来てしまった。

沖縄本島に住んでいると、米兵はもちろん、自衛隊駐屯地周辺では隊員の姿は目に入る。でも軍事基地と無縁だった宮古島や石垣島の人にとっては「迷彩服に軍帽」は戸惑うだろう。近親者に自衛隊員がいる家庭は多くても島外の駐屯地にいるのだからなじみはない。島の活性化や災害救助も考えて受け入れてもいいと考えた島民も少なくないが、港から軍用車両が続々と島に上陸してきた日、宮古島の人びとは度肝を抜かれたという。それらが島の道を走り、迷彩服の青年たちがコンビニにいる風景がいきなり出現した。自衛隊に関心がなかった人の日常も、塗り替えられた。島の色が、変わったのだ。

私は式典を取材するため、この前までグリーンのネットに囲まれた「千代田カントリークラブ」だった敷地に入った。「陸上自衛隊宮古島駐屯地」という看板が掲げられた入り口付近にはいくつも監視カメラがある。パリッとした迷彩服の広報担当の方が「三上さん……ですね?」と迎えてくれた。市ヶ谷から応援で来ているそうで、物腰も柔らかく頭脳明晰(めいせき)そうな印象だった。北海道ではヘリのパイロットもしていたというので、陸自に配備されるオスプレイはここにも飛んで来るんですよね?と聞いてみたが、「宮古島に配備される計画はありません」との回答。「陸自でヘリのパイロットをされているなら、そのうちオスプレイ搭乗ってこともあるんですか?」と聞くと「はい、可能性はあります」と即答した。「シミュレーターで操縦したことはあるんですが……。優秀ないい機材ですよ」と屈託のない笑顔で答えた。

やがて報道陣はできたての体育館に案内された。そこには「編成完結式」を待つ隊員とゲストがすでに整列していた。式典の目的は、発足する宮古警備隊の士気高揚・団結強化、島民との一体感の醸成だそうだ。そういう割に、島から式典に招待されたのは下地敏彦宮古島市長と野津武彦宮古地区自衛隊協力会会長くらいしか見つけられなかった。たった20分の短い式だったが、独特の号令が叫ばれ、君が代が歌われ、いったい何を撮影しているのか？と軽いめまいが襲う。軍ではない、自衛隊だ。軍服ではない、隊服だというかもしれない。でも目の前の光景はどう言い換えたって、日の丸に向かって敬礼し軍隊式の行進をする数百人の兵隊だ。この島では太平洋戦争以来の光景であり、そして彼らは今後ずっとこの島に駐留するのだ。頭がくらくらするが、でもそれが現実なら、しっかり伝えなければならない。そのためにプレスの腕章をつけてここにいるのだ、とカメラモニターに集中する。

下地市長が登壇。日の丸にお辞儀をしたあと、隊員に向かってアドリブだったのか、いきなり敬礼をした。返礼はなく、なんとなく会場が凍り付いたように感じた。下地市長は「災害に強い、安心・安全な宮古島……」などと祝辞を述べていたが、実はこの日重大な事実が分かった。市長は祝福ではなく怒り狂うべき日だったのだ。この千代田地区に駐屯地が選定され、受け入れる条件に「ヘリパッドや弾薬庫など、住民が不安を抱くものはここには置かない」という約束があった。２０１６年9月2日、宮古島市役所を訪れた若宮健嗣（けんじ）防衛副大臣のその言葉を受け、「弾薬庫がない、隊員の宿舎や福利厚生施設がメインと聞いて安心しました」と言って受け入れたのは下地市長本人だ。しかしこの日、なんと宮古島駐屯地にミサイルがあることが分かったのだ。

弾薬庫は置かないと言った2016年の動画はある。その後、弾薬庫と覆道式の射場は島の南東の端にあたる保良地区に造ることになってしまったが、平良市街地に近いここには「弾薬庫は造らない」約束は生きている。ところが、ピラミッド形の、どう見ても弾薬庫という建造物ができている。それは警備隊の所持する89式小銃などを保管する「保管庫」だという。

敵の弾薬庫を狙わない作戦などない。火器がある場所は必ず標的になるから、弾薬庫の有無に住民はこだわったのだ。ところが小銃の保管どころではなかった。この式典の前後に私と数人の記者で、「小銃のどんな弾を置くのか? ほかには何か置くのか?」と担当者を囲んで聞いたところ「中距離多目的誘導弾を警備隊が運用するので、その誘導弾は保管します」と言う。「え? この敷地内ですか?」と思わず聞き返した。このあと設置される地対艦・地対空ミサイル部隊の「ミサイル」は確かに保良の弾薬庫に置かれる。しかし、そのミサイル部隊は西部方面隊直轄の大砲も備えた勇ましい部隊で、我々第15旅団配下の、地域密着型の警備隊とは種類がだいぶ違うのです、と言う。だから彼らの弾は保良に。でも我々の誘導弾はここに置くと。もちろん誘導弾とは、ミサイルだ。

西部方面隊だ第15旅団などと言われてもピンとこない。「だいぶ柔らかい」というその第15

旅団とはどんな部隊なのか。HPを見ると真っ先に飛び込んでくるのは「県民のために」というキャッチコピー。そして緊急患者空輸の数、不発弾処理の数が大きく掲示され、沖縄県民の安心と安全に寄与していることが強調されている。確かに離島を抱える沖縄県で、ドクターヘリがカバーできないところを自衛隊が担ってくれていることに感謝しない県民はいない。不発弾だってまだ莫大な量が地中に眠る中で、自然災害に留まらず、自衛隊の活動に期待される部分は大きい。しかしそれと、南西諸島の軍事要塞化ははっきり分けて考えなければならない。かたや完全に県民の安全のため、しかしミサイル部隊を新たに島々に配置していく今の戦略構想が誰の安心のためなのか?はおおいに疑問符がつくからだ。

今回ミサイル部隊に先駆けて発足した「宮古警備隊」は、第15旅団の配下であるから地域密着型で、島民の安全を支える、地域と連携する、住民と向き合ってくれる部隊と言いたいようだ。ならば小銃、機関銃、多目的誘導弾という装備は何に使うのか?と聞いたところ、近接戦闘に対応する部隊なのだと説明があった。不審者、島へのテロ部隊の侵入などあれば接近戦をするのはミサイル部隊ではなく警備隊の仕事。そして最悪の事態、つまり敵が上陸してきた時には接近戦で真っ先に対処するのもこの警備隊だという。

「ちょっと言い方は悪いけれどこういうことですか?」と私は前置きをして聞いてみた。

宮古島駐屯地開設の日、隊員の言葉「みなさんと生きていきたいと島に来てるんです」

「地対艦ミサイルや地対空ミサイルが抑止力としてもはや機能せず、敵が砲弾を降らせ接近し上陸してきたら、みなさん警備隊が島の上で戦う。殲滅されたら、水陸機動団が島を奪還しに来る訳ですね。みなさんは、最初に犠牲になっちゃう部隊ということですか」

「まあ、そうならないように事前にあらゆる手は打つ訳ですけれどね」と苦笑した。

　私は彼らが心底気の毒になってきた。私はこの2年間、映画制作のために沖縄戦のことばかり考える日々を送ってきたせいか、米兵の上陸に、貧弱な火器で対抗させられた日本軍の哀れな陸戦の残像が脳裏に焼き付いている。山にこもってゲリラ戦をするしかなかった少年兵や、最後まで援軍が来ると信じて住民に協力を強いた無頼漢たちなど、あらゆるイメージがあふれ出す。パリッとした迷彩服を着たこの隊員たちには、私の頭に広がる沖縄戦の悲惨な具体的なイメージはほぼないだろう。自衛隊と旧日本軍を一緒にするなとまず言われるだろう。作戦も装備もまったく違う、お話にならないと。でも、そうだろうか。敵に上陸される事態というのはもう、制空権も制海権もない状態だ。孤立した軍隊は奪還部隊を待つ訳だが、食糧は？　水は？　そして住民がどこか安全な場所に隔離されて十分な食糧と水が与えられるという想像は、私にはまったくできない。

そもそもこの島がミサイルの拠点でなければ、攻撃対象にもならない。制圧すべき敵軍がいない島なら上陸する必要がない。たとえ上陸されても、戦闘がなければ犠牲者は出ない。沖縄戦では軍隊が駐留していない島には死人は出ていない。だから、安心のためにミサイルを置くと言われても「誰のための安心ですか？」と反問せざるをえないのだ。

そんな、不安に胸が張り裂けそうな住民たちが、早朝から駐屯地のゲートの前に集まっていた。宮古島駐屯地の田中広明司令に直接抗議文を手渡したいと、前日から広報担当者に申し入れをしていたが、住民のいるゲートまで来て受け取るということはできない規則だという。集まった人たちは納得できない。なぜここに顔を見せて、みんなが抱えている不安を正面から受け止めてくれないのか。くやしさが募って声を荒らげる場面もある。対応した自衛官の困惑の表情を見たら、誰でも気の毒に思うだろう。けれども、自衛隊が来ると決まってからこの4年間に島の人びとが味わってきた不安と怒りと屈辱は並大抵ではなかった。決してこの動画だけで反対運動が過激などと判断しないでいただきたい。

住民の不満は弾薬の件だけではない。軟弱地盤や活断層の存在が指摘されているのに調査もされないこと、地下水の汚染が命取りになる島なのに防衛省の対応はこれまではぐらかしやごまかしだらけだったこと、島に入って来たと同時に弾薬庫の上から住民を監視していること、迷彩服のまま市街地に出て来て住民が怖がっていること……。そんな住民の切実な訴えに警備隊隊長兼駐屯地司令がどう向き合ってくれるのか。しかし早朝から待っていた住民の前に姿を現したのは、児玉太郎副隊長だった。

そのやり取りは、つらくなる場面も多かった。自分の畑の目の前にゲートが造られてしまった野原の農業・仲里成繁さんも繰り返していたように、「自衛隊員に対しては怒りも憎しみもない。ミサイル基地を持って来られることに抗議している」のであって、抗議はすべて住民不在で推し進めてきた防衛省や現政権に向けられている。

しかし、いざ目の前で職務についた隊員たちに向き合った時に、怒りの拳は宙を泳ぐ。矛先は彼らではないと分かってはいる。隊員たちは家族を連れて島に来た。新しい環境で、海がきれいだけど歓迎されていないという話も聞いている南の島で、恐る恐る生活を始める妻や子どもを抱えているのだ。上層部がアメリカ軍とどんな戦略を練っているのか、そんな話は知る由もない隊員たちは、島の役に立ちたい、溶け込みたい、島を守りたいし誤解は（誤解であるかどうかはさておき）解きたいと願っているだろう。そのためにこのあと、あらゆる努力を重ねるのだろう。島の人びとだって、職業によって差別するつもりは毛頭ない。来てくれたのなら分け隔てなく受け入れたい気持ちはある。けれども人間として地域に受け入れようと心を開きながら、自衛隊の動向に目を光らせ抗議の声を上げ続けるのは難しい。毎日心にトゲを出していたら自分も傷つけてしまう。ママ友になり、「自衛隊の子」なんて意識もせず一緒に遊ぶ子どもを世話するだろう。そして「情報収集や抗議」をする気持ちは萎えていく。

4人の子を抱えて反対運動をしてきた石嶺香織さんに、いつもの元気はなかった。「これから一緒に暮らす人たち。うちの子の友達のお父さんになる人たち。この人たちが敵ではないのはもちろんだけど……。今の反対運動のやり方では島の人たちの気持ちは離れていってしまうかもしれない」と肩を落とした。

「できてしまった施設に声を上げ続けるのはしんどいね」と、野原出身の上里清美さんは苦しそうに言う。メガホンを持つ時には強い口調で気丈に抵抗の言葉をぶつけていた彼女だったが、一対一で話す声は細く、心はかなり痛手を負っていることが伝わってきた。

「だから私、伊江島に行ってきたの。あそこが（基地と県民が対峙する）原点だと思ってさ」

「もう配備されてしまった軍隊と、このあとどうやって闘えばいいのか知りたくて。きっとこの闘いは長く続くでしょ。住民が分断されないためにはどうしたらいいか。これから自衛隊ももっとたくさん来て、米軍も来て、となった時に自分の感情をどうコントロールできるのか分からなくて。ちゃんと精神を保ちながら闘うにはどうしたらいいの？と伊江島に教わりたくて行ってきたんだけどね」

「もう、人間らしく闘うということしかないね。人間らしーく。人として生きながら。相手にも接しながら。それしかないのかなって思いますね」

阿波根昌鴻（あはごんしょうこう）さんに象徴される伊江島の闘い。沖縄戦のあと、真っ先に土地も畑もアメリカ軍に取り上げられた伊江島の住民たちは、その惨状を県民全体に訴えるために沖縄本島で筵旗を掲げて「乞食（こじき）行進」をした。そして島では完全非暴力で、農民の誇りを失うことなく堂々と抵抗を続け、その後の沖縄基地闘争の手本となった。この闘いとて「勝った」訳ではない。伊江島は今現在も米軍基地だらけだ。しかし「負けて」もいない。抵抗の旗を降ろしてもいないし、辺野古に、高江に、宮古に、石垣に、その精神は確実に受け継がれているから。

2019年、平成だ令和だと騒いでいるこの時代に、1955年の伊江島の闘いを胸に、力を振り絞って野原に立つ女性がいる。彼女が草を摘んで遊んだ野原が、彼女を潤した井戸が、彼女が拝む神さまが住む森が、自衛隊基地になり、奪われ、踏みにじられてしまった。それは1955年に伊江島の人たちが味わった屈辱や絶望と変わらないことに愕然(がくぜん)とする。沖縄県民のささやかな生活は、64年経ってもかくももろく、米軍統治下でなくなってもなお、民主主義も司法の救いも届かない。なんなんだ、これは!

「平成が、その名の通り平和の裡(うち)に終わってよかったです」という女性タレントの言葉で我慢も限界、テレビを切った。しかし怒っている場合ではない。できてしまった基地に対して抵抗を続けるという苦しい業を、伊江島も、辺野古も、高江もやっている。あきらめてしまったら、じゃあ、とどんどん負担を増やされるだろう。だから宮古島も今年度やって来るミサイル部隊に抵抗し、保良の弾薬庫を造らせない闘いをし、ここは使えない島だと国にあきらめて作戦を変更してもらう。それをめざすしかない。一部工事が始まった石垣島にもつながる、島人が望まない軍事化を止める行動を構築していかなくては。

今回、宮古島に駐留する自衛隊員たちとじかに接して意外だったのは、少なくとも今のところ私たちに向き合う姿勢を持っていることだ。これまで説明会などで接してきた防衛省の役人とは大違いだった。私は数年来、講演会で公言しているが、自衛隊員や、機動隊員や海上保安庁の「海猿」たちや、基地建設をめぐって対峙してしまう職業の人たちについて、彼らの仕事の尊厳も命も守りたいと思う。彼らは自ら誇りに思い、国民から感謝される仕事をするべきであり、そのために日々の鍛錬をしてくれているはずなのだ。であれば、私たち有権者が、「お互いを苦しめる間違った仕事を命じる狂ったシステム」を変えるべきなのだ。そのためにも、自衛隊の仕事や隊員の状況についても取材して知らせていく仕事をしたい。宮古島の嘆きに向き合い続けたい。決して逃げたくはない。

18

2019年10月9日

「弾薬庫」に抵抗する保良の人びと
——宮古島の自衛隊弾薬庫着工

10月7日、ついに宮古島で陸上自衛隊ミサイル基地の「弾薬庫」が着工された。今年3月からすでに「自衛隊宮古警備隊」の駐留は始まっているが、島民が最も恐れている「ミサイル部隊」は、このミサイルを保管する弾薬庫が完成しないことにはやって来ない。

火災になれば大爆発になるし、何より有事には真っ先に標的になってしまう弾薬庫という物騒なものを、宮古島のどこに置くのか。二転三転して保良地区に決まったというが、集落ははっきり反対の声を上げていた。にもかかわらず、これ以上遅らせられないと10月着工が宣言され、3日には住民説明会が開かれた。防衛省が住民説明会を開いて住民の理解を得たとアリバイをつくり、ただちに着工、というパターンは辺野古でも高江でも繰り返されてきた。そして今回もその通りになった訳だ（動画参照）。

「弾薬」をめぐっては、防衛省が宮古島市との約束を守らなかったため、3月末の陸上自衛隊むと宣言していた。

駐屯地開設の初日から事態は紛糾した。結局は、当時の岩屋毅防衛相が謝罪し、一度持ち込まれたミサイルなどはいったん島外に撤去された。しかしミサイルがなければ部隊が来ても機能しない訳で、防衛省は宮古島の南東の端にある城辺(ぐすくべ)保良に弾薬庫を完成させて、そこに運び込むと宣言していた。

その保良の弾薬庫予定地というのは、住宅地からわずか200mあまりと接近した場所にある。陸上自衛隊の教範には「誘導弾が火災に包まれた場合には1km以上の距離に避難」とあるが、住民はその最低の距離も確保できていない場所に住んでいる。そこに造るというのはいったいどういうことか。また、火薬類取締法の保安基準から算定すると、200m先に民家があるなら2トンの火薬しか保管できないはずだが、推計では地対艦ミサイルおよそ7トン、地対空ミサイルおよそ4・5トン、中距離多目的ミサイルと迫撃弾を含めて合計およそ13トンが弾薬庫に入る予定だということで、保安距離はおよそ380mとされる。そのような専門家の推定が報道されるようになると、防衛局は弾薬量を答えなくなってしまった。安全距離ラインの内側に、つまり危険エリアに、生きている人間が生活をしている。それを無視する「国土防衛」とはいったい何なんだろうか。

10月3日に保良地区の公民館で行われた説明会で、会場に掲げられた看板が住民を怒らせた。

「保良鉱山地区の建設工事について」としか書かれておらず、自衛隊の文字もなければ、住民が敏感になっている「弾薬庫」「火薬庫」という言葉もない。物騒な言葉を隠せばなんとなくやり過ごせるだろうという防衛局の姿勢、誠実さのかけらもないその無礼さに、住民のプライドは踏みにじられた。一から十まで住民を騙し、はぐらかして、軍事施設の犠牲を押し付けるのか。うっかり誤魔化されるとでも思うのか。先祖から引き継いだ土地に築き上げてきた静かな暮らしを子や孫に手渡したい。この地域の未来も希望も、よりによってこんな形で奪っていくのか。くやしくてやりきれない保良の人たち100人は、会場まで来たものの中には入らず、地域を愚弄する説明会をボイコットした。保良の女性は言った。

「千代田の駐屯地に、住民を騙して中距離誘導弾を置いたが、怒りを買って謝罪して撤去した。それを保良に持って来るって？　保良は、何ですか？　馬鹿にされてるんですか」

なぜ、保良にこんな酷いことができるのか。ここが選ばれた理由のひとつは、人口密集地である市街地平良から最も遠いからだ。今も不発弾の保管施設がこの地域に置かれているのも、何かあっても被害が小さいという過疎地に、弱いところに犠牲を押し付ける残酷な考え方があるからだ。三角形の宮古島の底辺の右端。東平安名崎の付け根にある保良には、戦前にも旧日本軍が弾薬庫を置いていた。1944年2月、弾薬庫となっていた保良の木山壕周辺で兵隊らの手押し車から手榴弾が落下して爆発、少なくとも2人の兵隊が爆死、作業を手伝っていた

8歳の女の子と、その子がおぶっていた1歳の赤ちゃんも亡くなってしまった。
かつて日本軍の弾薬庫をここに置かせたために悲劇を抱えてしまった保良が、なぜまた同じ運命を強いられるのか。頭に破片がいっぱい刺さったまま息絶えたというその子は、「戦死」ではない。日本軍の起こした事故で死んだのだ。手伝わされていた危ない仕事に殺されたのだ。戦争でも天災でもない。軍事施設と共存する地域には織り込み済みの犠牲、明らかな人災である。幼い姉妹の命と引き換えに残された教訓を、私たちの世代が受け取らずにまた地域に同じ危険を引き込むなら、それは彼女たちを二度殺すことになるのではないのか。

南西諸島の軍事基地化に対処するためには、辺野古だけにいる訳にはいかないと、山城博治さんも保良に駆けつけていた。沖縄の平和運動を牽引してきた平和運動センターを代表して、これまでも博治さんは石垣や宮古の自衛隊基地建設の現場にも通ってきた。今回も、地元保良の人びとに遠慮し、地域のやり方を尊重しながらも、沖縄県民が長い米軍基地との闘いの中で培ってきた財産を宮古島の住民運動につなげるために汗を流していた。緊張の局面であっても、現地からの電話での博治さんの声は明るかった。

「いやあ三上さん！　保良は素敵なところだねえ！　ゆったりとした集落のたたずまいも、美しいし豊かだし、なんと言っても強い信念で静かに怒りを燃やす先輩たちがね、元気なんだよ。よく来てくれた、と迎えられてね、うれしいねえ」

説明会翌日は、工事着工を警戒して早朝から集合がかかったのだが、博治さんが到着するとごっついトラクターが2台、待機していた。保良の人びとの本気を示そうと、農家の誇りであるトラクターでデモ行進しようというアイディアだった。博治さんは感激した。保良らしい抵抗ができるぞ、と少人数ながらも意気揚々と建設予定地に向かった。この日は測量の作業だけだった。やはり週明けか。そして予想通り、防衛局との交渉のため博治さんが本島に戻った翌週7日の朝、本格工事が始まってしまった。

列をなす巨大な工事車両。立ちはだかる住民の必死な声、メガホンで同じことを繰り返す防衛局員、島人同士が対立する構図、そこに到着する警察車両……。ここは本当に宮古島なのか？　辺野古なのか？　高江なのか？　ただこちらはアメリカ軍の横暴、ではない。日本の自衛隊も、こうやって力ずくで島に入って来るのか。この20年見てきた各地の反対闘争現場の胸が痛む光景は、場所を変えてさらに拡大していくのか。なぜ止められないのだ？　宮古島の次は、同じ光景が石垣島でも展開されていくというのか。

自衛隊基地建設が問題化した4年前から、立ち上がり、声を上げる人びとを追いかけてきた。その人が、あの人が、落胆する姿を見たくない。絶叫する声を聞きたくなかった。でも、このままいけば、辺野古のおばあのように、住民の会の人びとのように、怒りのまなざしや、悲しみに満ちた目を見ることになる。だからそれを止めるために、この4年私は死に物狂いで先島の自衛隊配備に立ち向かってきたつもりだ。それも無意味だったということなのか。

　しかしそんな私の感傷など役に立たない。そんなことよりも、あきらめず、即効性を求めず、仲間を増やし、小さな勝利も楽しみながら、いつか必ず軍事要塞の島を返上して、元通りの平和な島になることを繰り返しイメージして、肝を据えてやっていくしかない。そう思う時、私が救われるのは、保良をはじめ抵抗の現場には、この人たちに寄り添い喜怒哀楽を共にしながらこの問題に向き合っていけたら大事なことをもっと伝えられるかもしれない、と惹きつけられてしまう人びとが何人もいることだ。博治さんも惚れ込んでしまった保良のたたずまいも含めて、いつかちゃんと風景も人びとも描きたい。そう熱望している。

19

クイチャー乱舞――宮古島・弾薬庫建設阻止現場の1カ月

2019年11月20日

山城博治さんが、マイカーを宮古島に運び込んだ。居候させてもらう家も決まった。長く辺野古の基地建設反対の現場の指揮を執ってきた博治さんだが、9月末から宮古島の弾薬庫建設が本格的に動き出したことから、「住民の阻止行動の立ち上げに腰を据えて向き合いたい」と、当分は宮古島をベースに生活するという。やはり、巨大な弾薬庫を抱え込まされるという局面はそれほどに重大なのだ。博治さんの本気度に、私も襟を正す。

沖縄の民俗学を学ぶならここしかないと決めて私は成城大学に入った。柳田国男の直弟子の末弟子で、唯一の女性だった鎌田（かまた）久子教授が教鞭（きょうべん）を執っていて、その鎌田先生は宮古島のシャーマニズムが専門だった。さらに、成城大学には社会人類学者で『沖縄池間島（いけまじま）民俗誌』を書いた野口武徳（たけのり）教授もゼミを持っていて、私は幸福にもこの2つのゼミを経験した。だから調査地は必然的に宮古島になり、宮古島にまみれて幸せな学生生活を送った。当時は、池間島はおろか、来間島にも橋はかかっていなくて、ヤギや豚と一緒に小舟に乗せてもらって渡った。のちに社会人になってから入った沖縄国際大学で修士論文の舞台に選んだ大神島には、この二十数年で50回以上通い、本当の祖母以上に慕うおばあの家で、いつも実家のように過ごさせてもらっている。

かけがえのない宮古島がどんどん変わっていく。島を引き裂いている自衛隊のミサイル基地建設問題は、とてもじゃないが時代の変化や環境破壊というレベルの出来事ではなかった。ところが私の持つ危機感は、さほど沖縄県民に共有されず、全国の報道は絶望的になかった。でも数年前からは博治さんが「辺野古米軍基地問題に衆目を引きつけておいて、本丸は自国軍による南西諸島の再軍事化ではないのか」と言ってくれるようになった。一方、博治さんの現場からの電話は、なぜか朗らかですらあった。

「三上さん。三上さんの大好きな宮古島はね、本当に素敵な人がたくさんいるよ」

そうやって博治さんは毎日のように、私に保良の人たちの魅力を語った。保良は弾薬庫が建設されようとしている地区だ。デモ行進にトラクターを繰り出すおじいたち。農作業の合間を縫って少しでも、と参加してくれる人びと。宮古伝統の踊り「クイチャー」の指南をしてくださる女性たち。その中でも、特に「ミサイル・弾薬庫配備反対！　住民の会」の共同代表で一日も欠かさずに現場に詰めている下地博盛さんへの信頼を、日に日に厚くしていく様子がよく伝わってきた。

下地博盛さんは、保良生まれの保良育ち。少年時代、馬やヤギの草を刈るのは子どもの仕事で、今座り込んでいる建設現場の付近はよく草刈りに来て遊び、海沿いの湧き水で水浴びをして帰った思い出の場所だそうだ。宮古島市に合併する前の城辺町役場に長らく勤めていた博盛さんは、保良の区長を3期も務め、また宮古島市議会議員にまでなった地域のリーダーだが、人となりはいたって真面目で物静か。声も小さくおとなしい印象で、声の大きな博治さんとは真逆のキャラクターだ。住民の反対運動のリーダーになったらどんな風になるのか、想像がつかないタイプだった。しかし、小柄で明るくて活発な妻の薫さんと、そして本土から故郷に戻ってきた娘の茜さんと、親子3人で必ず現場に、どんなに少人数の日でも欠かさずに立っていた。その誠実な人柄に、博治さんは絶大な信頼を置いていた。

69歳の博盛さんは、保良では「若手」だそうだ。ある日、今も毎日畑に出ている94歳のおじいが、博盛さんのところに駆け込んで来てこう言ったという。

「自衛隊の弾薬庫の工事が始まった。博盛がいながら、何であんなことをさせるんだ！」

博盛という人間がいながら……、と古老に言わせるほどの信頼を得ていることがよく分かる。

言葉はぶっきらぼうなこのおじいは、別の日に「お前がやっている抵抗は役に立っているのか?」と聞いてきたので、さすがの博盛さんもカチンときて、「毎日精一杯やってるんだ!」と言い返すと、翌日コーラやジュースの缶がいっぱい入った袋を持って現場に来てくれた。これには博治さんも感激した。90歳を超えた大先輩が、現役で土に向き合い、この土地を守りたいと居ても立ってもいられない想いをしている。現場を激励してくれる。高齢化が著しいおよそ300世帯の保良だが、誇りを持って生きてきた土地を、生活を、踏みにじられてなるものかという気概に満ちている。博治さんはこれまでの沖縄本島の闘いを、どうにかこの保良で活かしたいと、新たな闘いの構築にのめり込んでいた。

元鉱山だった建設予定地に、毎日10台のトラックが朝から土を運んでくるのだが、ゲートの前に来られる人の数が、なんといっても少ない。博盛さん親子しかいない時もある。最初の10日間は、座り込んでも、警察官が20人も来れば数分で排除。唇を噛んでトラックを見送るくやしい場面も多かった。そのうちに、排除されるぎりぎりまで抵抗したら、あとは立ち上がってできるだけゆっくり歩いてトラックをなかなか進ませない「牛歩」で抵抗する形に移行していった。30分でも、1時間でも作業を遅らせたい。そういう積み重ねで辺野古の基地も20年抵抗を続けてきたのだ。一応「歩いて」いるから警察官も力ずくでは移動させられない。そのうち、宮古伝統の「クイチャー」を踊りながら進むなど、宮古島ならではのアイディアも飛び出してきた。

そうやって、やっとひと月が過ぎる頃、辺野古の現場で頑張ってきた元気印の女性たち、通称「辺野古ネーネーズ」の6人が保良の現場にやって来た。彼女たちは歌って踊る辺野古の闘いをつくり出していったパワフルな面々で、彼女たちのいるところには笑いと美味しいものがある。繰り出す替え歌も踊りも無尽蔵。辺野古の現場で培ったノウハウとエネルギーで宮古島の闘いを応援したいと、三泊四日で宮古島にやって来たのだった。

「早く宮古に来たかった。弾薬庫は絶対に造らせてはダメ！」

「博治さん、いつ帰って来るの？と最初は思ったけど、宮古島に来て良かったと思うわ！」

「辺野古に帰ってクイチャー広げなきゃ」とポジティブなことこの上ない（動画参照）。

ところで、今回のポイントになる「クイチャー」という踊りについて少し解説が必要だと思う。宮古では数々の「クイチャー」大会があるほど島を代表する芸能だが、もともとは、干ばつのたびに命の危機にさらされてきた宮古島の人びとの「雨乞いの踊り」だった。飛行機から見ると、まるで三角形に切り取った緑のフエルトを海に浮かべたような、山のない宮古島。山がないから川もなく、地下水だけが頼りの島で、水の確保が常に悩みだった。

その自然環境が厳しい島に、琉球王府は「世界一残酷な税」と評された「人頭税」を課した。これは廃藩置県後も1903(明治36)年まで宮古島を苦しめた悪税で、15歳から50歳まで、病人も関係なく、女性には織物、男性には穀物を納めさせた。これは八重山地方にも、つまり先島全体に課せられた重税で、ひとり頭で課税されたため、働けない人、障がい者や老人の分を誰かが負担する形になり、人減らしの悲しい伝説も残っている。その悲しみと怨(うら)みは歌となって、今も先島に染みついている。それほど離島の人びとを絞り上げた財力で建てた首里城を、先島の人たちはどう見てきたのか。焼失した首里城の復興騒ぎも、保良の土に座り込んでいるとまったく別世界のように感じる。

島人は、1年間死ぬ思いで働いて税金を納めた時の歓喜、憂さ晴らしでこれを踊った。米や粟(あわ)を納めたのに、明日から家族が食べる分がないという解放感と絶望の泣き笑いで、三日三晩、狂喜乱舞する島民が歌い、舞ったのがクイチャーなのだ。歌詞も踊り方も各地で違っているが、代表的な「張水(はるみず)クイチャー」の歌詞の大意はこうだ。

村の兄さんたち
もう農具を手に取らなくてもよくなるよ

張水の船着き場の砂が
粟になって　米に化けて　勝手に上がって来るよ
島の姉さんたち
大神島に打ち寄せるさざ波が
糸になって　巻いた糸になって　上がって来れば
もう苧麻（ちょま）をつくらなくても　糸車を触らなくても
よくなるのに

私は宮古島の美しい浜に打ち寄せる波を見ては、この歌詞を思う。砂が米や粟になって勝手に打ち寄せてくればいいのに。波の花が美しい糸になって、綾（あや）なす織物になって私を解放してくれたらどんなに楽になれるだろう。そんな幻想を見るほどの苦しみから２７０年も解放されなかったこの島を思う。

沖縄の中でも虐げられた先島の、その中でも根強い差別と闘わなければならなかった宮古島。島の人たちが人頭税廃止運動に立ち上がっても琉球士族や警察に潰され、帝国議会に請願書を出したことがきっかけとなり、人頭税が廃止になったのは、実に明治36年。沖縄県は、この宮古島の不当な重税と、それに起因する貧困と差別を長く座視していた。その歴史と、自衛隊による軍事要塞化で助けを求めている先島の声に、米軍基地と闘ってきた知恵と蓄積があるはずの沖縄本島の人たちが敏感に反応できていないことが、私には重なって見える。

長く沖縄本島に住んではいても、そんな先島を黙殺する沖縄本島側の人間になりたくない一心で私はじたばたしている。しかし、博治さんがまったく同じ気持ちを持っていてくれたことが、今回の取材でよく分かった。宮古にこだわった民俗学者である谷川健一にいたく傾倒していた青年期があって、離島の歴史と今を的確に捉える慧眼(けいがん)の主であることをあらためて知り、尊敬の念を新たにした。

そのことを語る時、そして若い世代の楚南有香子(そなんゆかこ)さんたちが苦労をしていると知った時、博治さんはすぐに涙ぐむ。今回の4日間で、宮古島の歴史を語るたびに毎度涙目になる博治さんに向かって、辺野古ネーネーズは「ナチブー（泣き虫）ヒロジ！　また泣いてるさぁー」と優しくはやし立てた。

数日前から風が急に北に変わった。1カ月見事に雨が降らなかった保良のゲート前は、初めて雨交じりの強風に悩まされた。今日は雨具とカイロを持って来てください、と呼びかけられている。宮古島の冬は風がとにかく強いので寒い。弾薬庫の工期は2年。テントも建てられない、トイレもない現場での抵抗の日々は、まだひと月だ。１９９７年から辺野古の座り込みを見てきた私には、22年という年月の重みが刻まれているが、まだまだひと月、なんてとても言えない、毎日毎日が必死の保良の歳月がある。

現場は問う。国の安全のために我慢しろと言うのか。弾薬を枕に寝ろと言うのか。命があるだけましだとでも言うのか。国の安全は国に任せてるんだから、私は加害者ではないと言えるのか。

せめて、悩んで欲しい。最低限、知って欲しい。現場を体験できる映像を届けますから。携帯電話やパソコンの画面越しでもいいから、宮古島に寄り添う時間を、ください。

20

私たちはもっとマシな社会をつくらなければならない
——BLACK LIVES MATTER in OKINAWA

2020年6月17日

私たちはもっとマシな人間にならなければならない
私たちはもっとマシな社会をつくらなければならない
公衆の面前で、警察が平然と市民を窒息死させた
なんなんだこれは？
誰がこんな暴力を許してきたんだ？
これは「肌の色の違い」の問題なのか？
いや、もはや本質はそこではない
差別や不平等を追放する社会をめざしても
肥大する「暴力社会」がぶち壊していく
そのさまを
見ぬふりをしてきた私たち

気づかないふりをしてきた私たち
使える力を使わずに
社会が病んでいるのは私のせいではないと
声を出し、立ち上がる
そんな簡単なことさえ
やろうとしない自分に理由を与え
誰かが誰かを殺すことを「黙殺」してきた
一人ひとりの「黙殺者たち」が　ジョージ・フロイドを殺した
あの、のっぺりとした白人警官の顔を見ろ
あれは、黙っていたあなたの顔
あれは、大事なことから目を背け続ける「私」がつくり出した
怪物の顔

言いたいことはたくさんある。紐解（ひもと）きたい歴史もある。戦中、戦後、そして今に至るまで沖縄の人たちの命が軽んじられてきた歴史を、今世界を嘆かせているアメリカ・ミネソタ州ミネアポリスで5月に起きたジョージ・フロイドさん殺害事件に重ねて語りなおすのも大事だと思

う。でも今回はあえてそれはやめて、先週、沖縄で行われた抗議行動の様子をまずは伝えたい。

6月12日金曜日の夕方、集会にはプラカードを持つマスク姿の人びと250人あまりが集まって来た。場所は沖縄市ゴヤ交差点。1970年、アメリカ軍の圧政に抵抗するコザ騒動が起きた場所でもあり、基地の街の象徴でもある。梅雨が明けてギラギラと照り付ける夕日の中、そこにいたのはさまざまなルーツの人びと、幼児からお年寄りまで幅広い新鮮な顔ぶれだった。

主催者のひとりで、沖縄の男性と結婚して県内に住んでいるアメリカ・ミシガン州出身の宮城ケイティさんは言う。

「私は同じ国で育っても、歩いているだけで命の危険を感じるということはない。優遇されている白人として何をすればいいのか。とにかく当事者の言葉を聞いて想いを共有して、何ができるかみんなで考えたい」

沖縄に住む外国人に呼びかけを始めて間もなく元山仁士郎さんとつながり、実現にこぎつけたという。元山さんによれば、米兵には「基地の外で行われるアクティビティには当面参加するな」という通達が出ていたそうだ。そのためか、しばらく立ち止まっている米兵らしき人びとは見かけたが、現役兵士の発言者はいなかった。一方、外国人では恩納村にある大学院大学の研究員などの関係者が比較的多かった。その中で、ウガンダ出身のアイヴァンさんはアメリカへの恐怖を語った。

「ぼくはウガンダで生まれて学位はイギリスで取った。アメリカには一度も行ったことがない。怖い。国際会議とか、アメリカに行くチャンスはあったけど、全部断っている。ぼくみたいな人間が行ったら何をされるのか？　沖縄に来て黒人の兵士とも友達になった。アメリカで仕事をしたらいいよ、と言ってくれるけど、ぼくはまっぴらだね」

同じ大学院大学の女性、タトさんは留学先のドイツで初めて受けた人種差別の経験を語り、「黒人差別は何もアメリカだけの問題じゃない」と訴えた。

4年間海兵隊員として滞在した後、今も沖縄に住んでいるディアンさんは、アメリカに比べれば沖縄の生活はずっといい、アメリカでは人間以下の扱いを受けてきたと訴えた。

「めっちゃ酷い経験ばかりしてきたよ。先生とも、警察とも、行政も、軍の中もね。だからぼくはいつも……挑戦的な態度で、いつだって受けて立つぜっていう怒りの形相で過ごしてきたんだ。ここアメリカに1人ずつ子どもがいる。残念なことにどっちも差別を経験している。おれたち親が出て行って改善したこともある。黙っていたら……声を上げなければ、みんなが立ち上がってくれなければ、おれたちの息子が殺され続けることになってしまうんだ。だからお願いだから何人でもいい、隣の人と手を携えて声を出して欲しい」

25歳のある黒人青年は、16歳で車の免許を取った時に母親にこう言われたそうだ。「もし警察に止められて何か言われたとしても、家に帰ることをゴールだと思って」

警察の職務質問が因縁に過ぎないとしても、理不尽な扱いを受けて腹が立ったとしても、誇りを傷つけられて反論したいと思っても……正義が通る相手じゃないんだからとにかく抵抗せずにうちに帰って来て、と言って息子を守るしかない母親の気持ち。胸がえぐられる思いがするが、その母の気持ちを今、彼は追体験している自分に気づいたという。

「ぼくには2人弟がいるんだけど、馬鹿げた話をしなきゃいけないことがある。夜に出歩く時は絶対にフードをかぶるなよ、特に冬は、とかね。7、8歳の幼い家族に対して、ぼくは今、何で君たちと同じ容姿の人間が、その容姿のために殺されなきゃいけないのか。その理由を説明しないといけなくなってるんだ」

メキシコ系アメリカ人と沖縄の女性との間に生まれた男性は、沖縄の学校で「ガイジン」といじめられた経験を持つ。しかしそれにも増して「タイ人?」「フィリピン人?」と聞かれることがいやだったと話す。そんな自分を振り返ってこう言った。

「おかしいでしょ? 結局、差別をされている自分の中にも差別する気持ちがあった。差別は誰でもやってしまう。大切なのは、それに気づくことだ」

わずか1時間の間に大事なテーマがたくさん語られていた。少年もマイクを握ったし、沖縄の10代の若い子たちがたくさん参加して真剣に聞いていた。私はこの空間を共有できて、心から良かったと思った。沖縄の街角で小一時間プラカード掲げるくらいで何が変わるのか? しかし少なくとも目の前で語る人の悲しみや怒りを身体に刻むことができた。黙ってやり過ごして自分が加害者の側に並ぶことだけは避けられた。少なくとも今日のところは。もちろん、明日以降沈黙するなら、すぐに黙殺者の列に並ぶことになるのだろうけれども。

私は幼稚園から小学校の前半をアメリカで過ごした。多くの有色人種が居住するカリフォルニアの学校では、「金髪に白い肌」の子どもは3割ほどで、黒人、ヒスパニック、韓国人、中国人、色とりどりだった。1年生のくせにいつもピアスをしていた黒人少女のリンダは、めちゃくちゃ美人だった。長いまつ毛のジェイムスがかわいくて、ちぢれっ毛を引っ張ってみたら「アウチ！」と言って怒られた。雑多な人種がひとつの地域でどうやってうまく生きていくのか。その課題は人生の大事なテーマであることを、アルファベットを覚えるのと同じ時期に知った私としては、人種差別の問題には少しは敏感でいたつもりだった。

アフリカのクンタ・キンテから始まる黒人の歴史を描いたドラマ『ルーツ』も毎回テレビにかじりついて見ていたし、『カラーパープル』も何度も鑑賞した。スパイク・リー監督作品も『ドゥ・ザ・ライト・シング』から全部見てるし、マルコムXは私のヒーローでもある。でも、今回、17歳の女性が撮影したフロイドさんの断末魔の映像を見て、何度も目を背けそうになった。私は関心を持っていると言いつつ、今まで何も具体的な行動もせず、ただの傍観者として今日この映像を見ているに過ぎない。

"SILENCE KILLS（沈黙は人を殺す）"

まさにそれだ。私は沖縄の基地問題について、漠然と日米安保を肯定し、ＳＯＳを発する沖縄の声を黙殺する「もの言わぬ人びと」こそ沖縄を苦しめる力そのものであるなどと指摘しつつも、この問題についいては黙して過ごしてきただけではないのか。じゃあ何ができたのか？これから何ができるのか？　すぐに答えは出ない。出てこないが、まずは自分が傍観者の類いだったという事実を認めよう、と思った。

人間は群れの生き物である。したがって、自分の群れがよその群れより優位でないと安心できないという厄介な性（さが）がある。グループ分けは人種・宗教の違い、文化の違い、歴史上のもつれなどあらゆる要素が絡まってでき上がり、差別と偏見が殺し合いにまで発展する。その問題は有史以来の普遍的なテーマである。

だが、今回の暴行死事件について指摘しておきたいのはそこではない。「暴力社会」から脱却できないアメリカ社会の闇についてだ。

アメリカはインディアンと呼ばれた先住民を駆逐して建国した時から復讐（ふくしゅう）を恐れて武装をした。奴隷が解放されれば黒人からの復讐を恐れて武装を強めた。アメリカの正義をふりかざして外国に武力介入しては、報復を恐れ、「世界の警察」のポジションを獲得して暴力の頂点に立つことを正当化した。虐げて、恐れて、を繰り返すうちに、世界一強い国になるしかなくなった。世界一の国が、世界一強い軍隊を持つことで、世界一の安心を手に入れられるという理屈を通すために、国内外にたくさんの犠牲を強いてきたアメリカという国。

地球というクラスの中で、アメリカくんの横暴を許してしまったクラスメイトの中には、このままではクラスにとって良くないと、もがいている者もいるだろう。一方、単純にアメリカくんに媚びへつらうことでいじめられないポジションを獲得する、情けない国もあるだろう。

しかし腕力を頼りにして家来になった者はやくざの子分と同じで、「鉄砲玉になれ」と言われれば従うしかない。この武器を持って戦えと言われれば買うし、お前の家をアジトに使わせろ、と言われれば使っていただくしかない。でも、ほかのやつらよりボスに近いおれは、舐められずに済む、と満足している。その価値観はすっかり「暴力社会」の肯定であり、暴力社会の底辺に落ちないことが最優先の自衛になっていく。

根底にあるのは最初から暴力装置に依存して不安を解消してきた大国・アメリカの歴史に根差す闇だと私は思っている。それを批判するどころか、コバンザメのようにすり寄ったズルい国のトップはさらに酷い。親分の不当な命令を、国内の弱いものに押し付けて、何とかコバンザメの地位を死守する以外にもはや思いつかなくなってしまった。つまり何が言いたいかというと、アメリカの暴力社会をどの国よりも肯定し、支えてもきた日本と日本人は、あの白人警官を生み出す側の一員でしかなかった。その立ち位置について、私たちは自覚する必要があるということだ。

そういう日本人だからこそ、自国の政府の上に異国のボスがいること、そのボスの命令があれば国民の一部を犠牲にすることにも疑問を持てなくなっている。黒人差別を見過ごすことと、沖縄問題を黙殺することとは、アメリカの暴力社会に唯々諾々と組み込まれてしまった愚民にとっては必然なのだ。間違えないで欲しいが、単純に黒人差別と沖縄差別が同じだなどと言っているのではない。暴力社会に身を預けてしまった者には、この2つの問題の解決は難しいという意味で、両者は通底しているということだ。

とりあえず腕力のある人と一緒にいたい、強いグループに入っておけば安心だという動物的本能が思想や哲学より勝っている、そういう社会を変えなければ、特定の人びとを痛めつける行為はやむことはない。今回の事件にはもちろん、人種や文化、宗教の違いなどの多様性を認める、認めないという寛容不寛容の問題も含まれてはいる。しかし私はそれよりも、肥大化した暴力社会がもたらす構造的な問題であるという面にもっと意識を向け、アメリカ的暴力依存社会からの脱却を真剣にめざすチャンスにするべきではないかと思うのだ。

21

コロナ禍に屈せず——進化する辺野古の抵抗

２０２０年11月11日

新型コロナウイルスの感染拡大が深刻な状況になっている沖縄では、今年は座り込みも集会も休止や縮小が相次いだ。

特に辺野古のゲート前では、これまでは機動隊に抵抗する際に隣の人と腕を組んでいたが、今はそれをせず、間隔を空けて座り、マスクをして大声を出さないなど工夫をしながら抵抗を続けてきた。しかし、それではコンクリートのミキサー車や土砂の搬入を遅らせることすらできない。かといって座り込みの現場からクラスターを出す訳にもいかない。当初からお年寄りが多いゲート前では、高齢者はなるべく自宅にいていただくよう呼びかけたり、苦渋の選択で活動を休止したり、また再開したり、を繰り返した。しかし、その間も工事作業は止まらない。１日７００台という容赦ない数のトラックがキャンプ・シュワブのゲートに呑み込まれていく。

私個人としても、今年は取材も撮影もままならず、講演会などは軒並み中止で手も足も出ない閉塞感の中、焦りだけが増した年だった。焦りが無力感に退化する前にやはり現場に出なくちゃ、とは思うものの、少ない時は10人もいないというゲート前の様子を撮影してどうする？などと逡巡し、緊急事態宣言後は文子おばあの家に行く以外は辺野古から遠ざかっていた。

でも、どんなに少ない日も、ゲート前のテントはゼロ人にはならない。灯を消すまいと守ってくれている人たちがいる。もし仮に、感染を恐れてすべての人間が家にこもってしまったら、誰も抵抗をしない世の中になってしまったら、権力者が暴政を強いても、税金を私物化しても、許すことになってしまう。いくら「こんな時に出歩くな」と家族に止められても、辺野古を留守にしておけないと早朝に家を出るお年寄りたちが、やっぱり辺野古の抵抗を支えてくださっているのだ。ならばその姿を撮りに行こうと、思い直してカメラを持って北に向かった。

アメリカ軍は7月に沖縄で大クラスターを出し、ひんしゅくを買った。その後、キャンプ・シュワブでも感染者が出て、シュワブの兵士らはジョギングも辺野古の街中を避けているほどの気の遣いようだという。ゲートの電光掲示板にはマスクの着用やソーシャルディスタンスを呼びかける文字と共に、「シュワブは辺野古の11班です」と表示される。辺野古区は10班で構成されているが、キャンプ・シュワブは通称11班ということで祭りや地元行事に参加している。その自覚を持ちましょうと呼びかけているのだ。累計感染者1000万人のアメリカと行き来しているというだけでも、恐怖の対象とみなされてしまう彼らも気の毒ではある。しかし、日本の検疫のチェックを受けない米兵の特権が招いた沖縄基地のクラスターは、米軍基地が沖縄の市民生活を脅かす構造的な問題の産物でもある。

朝8時過ぎから集まり始めた人びとは、全員マスク姿で、口数は少なめで、握手の代わりにゲンコツをぶつけ合う。座る間隔も空けて密にならないようにしていたが、この日は県議会議員団が来る日と決まっていたそうで、9時の搬入時には120人くらいに膨れ上がっていた。10人そこそこのコロナ禍中の座り込みを撮影するつもりが、当てが外れた。県民は決して基地建設を許していない、来られない人たちの分も頑張ろうという気迫がびんびん伝わってくる。

徹底して抵抗してしまうと機動隊に担ぎ上げられ密着してしまうので、多くの人が機動隊に囲まれたら自分で立って歩いていた。機動隊の人たちに感染させるのも、させられるのも、避けなければならない。しかし、ひとり1分でも工事を遅らせて非暴力の抵抗をしようと通って来ているのに、おとなしく立ち去るのでは虚しさもあるだろう。それでも、これが2020年の辺野古の新ルールなのだ。機動隊員たちも、抵抗しきれない参加者を前にいつになく親切な印象だった。しかし文子おばあは、県議会議員のあいさつの間くらいマイクで話すのは止めたらどうね?と怒り心頭、「うるさいよ!」と怒鳴っていた。こんなに埋め立てが進んでいく状況を毎日、目の前で見ながら、心折れることなく意気盛んに抵抗する文子さんの姿に胸が熱くなった。ひるがえって私の心は、コロナに負けかけていたのか。おばあの勇姿を見て、思い知った。

かつて民宿「じゅごんの里」を辺野古の隣の瀬嵩集落につくって、基地建設に抵抗を始めた東恩納琢磨(ひがしおんなたくま)さんは、今は名護市議会議員を12年も務めてすっかり議員さんが板についたが、私が彼に出会った1996年、35歳の琢磨さんは建設作業員で基地建設にも携わっていた。しかし、物心ついた時から泳いで遊んだ大浦湾を埋める計画が持ち上がった時から、彼は基地建設反対に転じた。そしてジュゴンの保護区をつくって地域おこしをすると宣言して活動をしてきた。

私はずっとそんな琢磨さんを追いかけて、いくつものドキュメンタリーをつくってきたので、琢磨さんに会うとこの25年の日々が走馬灯のように頭の中を駆け巡る。ある時は一緒にジュゴンを探して、また新しいサンゴを見つけるために、どれだけ一緒に船に乗っただろう。やぐらの闘争*の時は24時間船の上で監視に付き合い、一緒にカメラマン共々屋根のない船で眠った。今あきらめたらこれまでの努力は何なの？　ここはもっと豊かな地域になるんですよ、と口癖のように彼は言っていた。いつも、今が正念場だ、と言った。そして今回も、今ひらめいたように新鮮に同じことを言った。

「勝てるんですよ。今あきらめたらそれこそ終わりじゃないですか！　追い詰められているのは政府の方ですよ。もう軟弱地盤に基地はできないってはっきりしたんですから！」

「焦ってるのは政府の方です」。この言葉は、1997年に辺野古のお年寄りのみなさんで結成した「命を守る会」のおばあたちの、決まり文句だった。泰然として、先祖が遺（のこ）した土地と海を守るのは当然の務めだと座り込んだおじいおばあのいるこの地域で育った琢磨さん、59歳は、今ごく自然に同じセリフを口にしている。抵抗のDNAは着実に受け継がれていく。すでに鬼籍に入っている、名護市東海岸の「二見以北（ふたみ）」と呼ばれる彼の生まれ育った地域のおじいおばあたちの顔が、琢磨さんに重なって見えた。

「大事なのは勝つことではなくて、闘ったか、闘ってないか。子や孫のために闘ったという事実が、未来に残せる唯一の財産なんです」

私はずっと、現場でよく耳にするこの言葉を反芻（はんすう）してこの20年生きてきたが、こうやって愛

コロナ禍でもマスクをして辺野古ゲート前の座り込みは続く

に満ちた遺産を受け取った人たちを、実際に目の当たりにする時に、この言葉の意味の深さを実感する。これは、私が沖縄に長く暮らさなければきっと分からなかった大事なことの、最たるもの。抑圧されて立ち上がらなければいけないという状況は不幸だが、不幸でしかない、訳ではない。立ち上がる人びとを目の当たりにしなければ学べない人間の尊厳がある。その守り方を知る。それは誰にも奪われない、自分の財産になっていくのだから。

ところで、辺野古の埋め立てに使う土砂の7割は、当初県外から運び込む予定だった。しかし外来生物の問題、各地の抵抗、そして費用面の問題もあって、県内を中心に調達する方向に変わった。奄美、宮古、石垣など離島と、うるま市の宮城島（みやぎじま）、糸満市の鉱山などが新たな土砂の採取地になる。ただでさえ過度な開発で環境破壊が進んでいる島々で、さらにガリガリと山を削って透き通る海を埋めるなんて、考えただけで胸が潰れる。しかも遺骨収集にあたってきた人びとから強い反対の声が上がっている。

沖縄本島南部の土はどこを掘っても沖縄戦の犠牲者の骨が出てくるといわれるほど、ご遺骨を探して遺族に帰す作業はまだ途上にある。そんな死者の骨を溶かし切ってもいない、血を吸った土をダンプに載せて大浦湾に投下し、その上にアメリカ軍の基地を建てるなど、こんな不条理があってよいものなのか。これは歴史的に罪深い、耐え難い凌辱（りょうじょく）だ。

今現在も、辺野古に運び込む土砂を積んだ船が出る港で抵抗が続けられている。名護市の安和（あわ）桟橋と本部町塩川（しおかわ）の港、2カ所で「本部町島ぐるみ会議」の人びとを中心に、日々少人数ながら抗議行動が行われているが、やがて糸満で、うるま市で、そして離島で、土砂搬出を許さない闘いが始まるだろう。すでにうるま市では、ここから土砂を辺野古に送らない、と街頭アピールに立っている人がいるという。各地の抵抗が本格化すると、直接辺野古に来る人数は減ってしまうかもしれないが、各地の「島ぐるみ会議」が中心になって地元の土砂を使わせない闘いが、同時進行で取り組まれたら、これはこれで面白くなってきたなと私は思う。

国頭（くにがみ）の漁港が使われる時も、高江に向かう車が大宜味村（おおぎみそん）を毎日通っていた時も、国頭や大宜味のお年寄りたちがまなじりを決して立ち上がり現場にやって来た。それを私はこの目で見ているので、宮城島で、糸満で、地域の人びとが「辺野古までは行けないけれど、ここでなら頑張れる！」と立ち上がってくれるに違いない。たとえば、自衛隊の弾薬庫の建設が進む宮古島の保良でも、石垣島のミサイル基地予定地でも、少人数の抵抗が続いている。遠い辺野古で起きていると思っていたことが自分の問題になる人びとが増えていく。あちこちに「辺野古」ができる。本気で立ち上がる大人たちの姿を見る子どもが、今まで米軍基地がなかった地域にも増えていく。こうやって抵抗のＤＮＡがＯＮになった県民が増殖していくことに、政府は気づいているだろうか。

＊当初、辺野古の基地計画は滑走路を沖合に出す案で、２００４年には海底ボーリング調査用のやぐらが海の上に５カ所建てられた（うち１つはすぐに撤去）。反対する人びとは船で４つのやぐらに渡り、泊まり込みで工事を阻止するなどおよそ６００日間の激しい闘争が展開された。政府は２００５年に沿岸案に移行し現在に至る。

22

2021年3月3日

「助けてぃくみそーれー!」
――戦没者を二度殺すのか? 具志堅隆松(ぐしけんたかまつ)さんら県庁前でハンスト

まだまだ多くの沖縄戦の犠牲者の骨が残っている沖縄本島南部の土を採掘し、辺野古の埋め立てに使うのはやめて欲しい。

去年から徐々にその声は大きくなっていたが、沖縄県民にとって最も大事な慰霊碑であり骨塚でもある「魂魄の塔」のすぐ裏手の土地が、大きくえぐられるように掘削される計画が明らかになり、違法な森林伐採も始まって、いよいよ待ったなしの状況になった。長年遺骨収集のボランティアを続けてきた具志堅隆松さんと、彼に賛同する「島ぐるみ宗教者の会」が、沖縄県庁の前で3月1日からハンストを始めた。

なぜ県庁前かというと、今回は国に計画の断念を求めるだけでなく、沖縄県知事に対して「自然公園法に基づいて業者に砕石事業中止命令を出して欲しい」という抜き差しならぬ要求を突きつけるからである。玉城デニー知事を動かすために、6人が6日間のハンストに突入した。冒頭のあいさつで、具志堅さんはマイクを持って穏やかに語り始めたが、途中でおもむろに振り返って県庁に向かい、こう叫んだ。

「デニーさーん！　聞こえますかね？　私、あなたに直接要請したいんです！　デニーさーん、助けてぃくみそーれー！　助けてぃくみそーれー！」

「助けてぃくみそーれー」。この言葉をパソコンで打ち込むだけで、私は手が震える。沖縄の言葉で「助けてください」という意味だが、「助けてください」と打つのは何でもないが、「助けてぃくみそーれー」は、簡単には打てない。沖縄戦の聞き取りをした人ならば分かると思う。この言葉が１９４５年、島中の至る所で地中に滲（し）み込むほどに叫ばれていた。その光景を何度も想像した者にとっては、この言葉を県庁に向かって叫ぶ具志堅さんの姿は正視できない。

沖縄戦の中で無残な最期を迎えた住民たちの断末魔の声を、じっと、暗いガマ（自然壕）の中で遺骨収集をしながら何年も何年もずっと聞き続けてきた具志堅さんが、それを言葉にして公衆の面前で絞り出さなければならなかった。それほどの事態が今、迫ってきているのだ。

この言葉は、ある壕で生き埋めになってしまったお母さんの言葉だ、と具志堅さんは説明した。幼い子どもたちと共に閉じ込められた母親がその壕の中から発し続けた声は、やがて聞こえなくなった。どの子から先に死んでいったのか。それを外側で聞いていた娘はどんな気持ちだったのか……。具志堅さんは声を詰まらせた。

これは、家族５人が生き埋めになったと伝わる、糸満市束里（つかざと）の山城壕（やまぐすくごう）の話だ。犠牲になったのは桃原蒲（とうばるかま）さんのご一家。祖母と母親、3人の子どもが避難している時にアメリカ軍の砲弾の直撃を受け、山城壕の入り口が落盤、塞がれてしまった。たまたま外にいた娘のキヨさん（当時15歳前後）があわてて隣の壕に走り、大人たちに助けを求め、同じ集落の人びとが駆け付けたが、重機も道具も何もない中で手の施しようがなかった。中から聞こえている「助けてぃくみそーりよー」の声は数日間続いたが、ついに途絶えた。餓死だった。

　この家族だけではなく、具志堅さんは戦場で餓死した無数の遺骨と出会ってきただろう。だからこのハンストは、彼らの気持ちを数日でも共有しながら続けていくもので、そして彼らの言葉を借りて、知事に、世の中に助けを求めていく。まさに沖縄戦の犠牲者の尊厳を守るために、彼らの言葉と彼らの舐めた辛酸を我々の力としながら、どう考えても理不尽な国の蛮行を止めていこうという、過去にも例がない特別なハンストなのである。

　大浦湾側の地盤が悪いことから当初の計画を変更し、さらに大量の土砂が必要だとする防衛省は、その大半を沖縄本島南部から調達可能としている。激戦地だった糸満市と八重瀬町（やえせちょう）には19の鉱山があり、そこから土砂が調達されると見られている。その業者のうちの1社が、まさに戦後、遺骨が最も散乱していた一帯につくられた「魂魄の塔」の、裏手の山を最大30m掘削しようとしていることが分かった。しかも、この業者は糸満市に届け出ずに森林伐採に着手。農地法など複数の法令を無視して、すでに景観を激しく変えてしまっていた。

この一帯は戦跡の保護を目的とした「沖縄戦跡国定公園」の一部だ。戦争の悲惨さ、平和の尊さを認識し、20万人あまりの戦没者の霊を慰めるために制定されたわが国唯一の戦跡国定公園、というたい文句とはうらはらのお粗末すぎる実態だ。鉱山開発は過去にもたびたびずさんな運営が指摘されてきた。緑地に戻す約束が実行されず、無残にえぐり取られたままの姿に胸を痛める県民も多い。行政の管理指導の甘さも指摘されて当然である。

自然公園法第33条2項

（略）都道府県知事は国定公園について、当該公園の風景を保護するために必要があると認めるときは、普通地域内において前項の規定により届出を要する行為をしようとする者又はした者に対して、その風景を保護するために必要な限度において、当該行為を禁止し、若しくは制限し、又は必要な措置を執るべき旨を命ずることができる。

この業者はこれまでに指摘された違法状態を改善して、開発の届出を2020年末に済ませている。それを県は1月末に郵送で受け取っており、そこから1カ月くらいかけて書類が整っていることを確認したのちに、受理することになる。県はその後30日以内であれば右記自然公園法第33条に従って業者の開発を止めることができる。そうしなければ、受理の30日後から土砂の採掘に着手できることになってしまう。そこで、辺野古の基地建設に反対を掲げて当選した玉城デニー知事の判断が注目されているのだが、ほかの業者との公平性の問題などを理由に、まだ態度を明らかにしていない。

「ぬがーらさんどー！（逃がさないよ！）」

文子おばあは辺野古から車椅子で県庁前に駆け付けた。玉城デニーさんはとても島袋文子さんを慕っていて近しい関係だったからこそのおばあのセリフだが、最近どっちつかずの発言が多い、と文子さんは手厳しい。具志堅さんが知事と面談する時にはぜひ一緒に行きたいという。何が何でも玉城デニー知事に直接会って、念を押したい気持ちなのだろう。

糸満生まれの糸満育ちである文子さんの脳裏には、戦火の中、目の見えない母の手を引いておびただしい屍（しかばね）を越えてさまよった地獄の情景がこびりついて離れない。生き延びた責任を果たす、と自分に言い聞かせて、辺野古のゲート前で身体を張ってきた。そんな彼女にとって、あの血を吸った南部の土をはがして辺野古の海に入れるなんて何重にも耐え難い話だ。

「亡くなった人をね、二度殺すのか。そういうことになる。絶対に許されないよ！」

沖縄には、いまだに収集されていない遺骨が3000柱近くあるとされているが、その遺骨は沖縄県民のものだけではない。日本軍、朝鮮半島出身者や未回収のアメリカ軍人も数百人いるという。日本や韓国、北朝鮮、アメリカの遺族も、まだ沖縄から戻らない遺骨に胸を痛めて

沖縄県庁に向かって叫ぶ具志堅隆松さん

いる人たちはすべて当事者であり、戦死者を冒瀆するな！と怒る権利があると具志堅さんは言う。

遺骨収集を始めた頃は、日本軍は加害者であるという意識を強く持っていたという。でもずっと土の中から出てくる骨と対話する中で、どんな状況で最期を迎えたのかを具体的に知っていくと、一人ひとりが無念の死であったこと、無謀な作戦の犠牲者であったと理解でき、「あなたはうちなーんちゅなのか？」と問いかけることが無意味になったそうだ。

それがアメリカ兵のものであっても、家族に返したいという想いに何ら変わりはない。戦後75年経っても誰かが探してくれる瞬間を待ち続けている骨がある。家に帰りたい、家族につないで欲しいと手がかりを必死で示している。遺族が高齢化する前に、と焦る具志堅さんたちの精一杯の努力が、「一山いくら」の埋め立て資材としか見てくれない政府の冷徹な土砂採取計画に踏みつぶされようとしているのだ。それをやめさせる力を持っているのは、誰か？　県知事か？　遺族か？　状況を知った私か？　これを読んで憤ったあなたか？　それとも傍観を決め込もうとしているその他大勢の人びとを動かさなければ無理なのか？

とりあえずは沖縄県の知事に、歴史に恥じない選択をしてもらいたい。

まずは、具志堅さんとじかに向き合って、想いを共有していることを伝えて欲しい。そして、今後も県内各地の平和学習や祈りの場として活かされるべき場所が、業者目線が優先されて一山いくらの土木資材として好き勝手に利用されていく流れに、行政の長としてきちんと歯止めをかけて欲しい。これは党派イデオロギーの問題ではなく人道上の問題であり、県民の心の問題である。県民の心を踏みにじる案件は、役所の手続きの公平性や連続性より後回しになってはならない。どちらが後世に禍根を残すかは誰の目にも明白なのだから。

23

2021年4月21日

デニー知事、中止命令を回避
——沖縄戦の遺骨を含む土砂採取問題

ガマフヤー（「洞窟を掘る人」の意・遺骨収集ボランティアの団体名）の代表、具志堅隆松さんらが3月、沖縄県知事の決断を求めて那覇のど真ん中の県庁前でハンストを決行したことは前回リポートしたが、「沖縄戦の犠牲者の遺骨が混じった土を埋め立てに使うな！」という県民の怒りは、このひと月で瞬く間に広がった。そのうねりは久しぶりに保革を超え、年代を超え、立場も超えて静かな怒りとなって人びとの心をつかんでいった。

首相官邸前で、高江で、豊見城（とみぐすく）市役所前で、ハンストや座り込みが始まったり、市町村議会が反対決議をしたり、反対声明を出した若者らが連日のようにシンポジウムを開催したりして、具志堅さんはひっぱりだこになった。沖縄県議会も4月15日、遺骨が混じった土砂を埋め立てに使うことに反対する意見書を全会一致で可決した。その翌日の16日が、知事の中止命令を出す期限の最終日にあたっていた。具志堅さんは、あと一歩と知事の判断に期待をかけた。

しかし——。

懸案になっている糸満市米須（こめす）の「魂魄の塔」付近の採掘業者に対し、県は自然公園法に基づく「中止命令」を出さないという見方が濃厚になっていた。それよりもゆるい「制限命令」や、いくつかの措置を義務付ける「措置命令」では、掘削自体は止められない。具志堅さんはじめ、ハンストに参加した人たちや遺族らは、あくまで「中止命令」を求める覚悟だったため、取り急ぎ知事が態度を表明する16日正午、県庁前で緊急集会を開いた。

「中止という知事の言葉を聞くまでは、頑張っていきましょう！　玉城知事、聞こえますでしょうか？　遺族は怒っていますよ！　静かに眠っている英霊たちも怒り狂いますよ！」

ある遺族の女性がマイクを持って叫んだ。平日の昼間で、急な呼びかけにもかかわらずおよそ70人の県民とメディア合わせて１００人ほどがコロナに配慮して距離を保ちつつ県庁前広場に集まっていた。26歳の若者もこう訴えた。

「デニーさんには勇気ある決断をして欲しい。大丈夫です、民意がちゃんとついています！」

午後1時半に県庁のロビーで知事が会見を開くという。参加者もそれを見守るべくほぼ全員が残っていたが、会見場は急遽会議室に変更になり、メディア以外は入れなくなった。

「みんなの前で言えない内容なのか」

一瞬で空気が重苦しくなった。県庁の廊下は人であふれ、急遽別室にモニターを用意するなど対応に追われて会見時刻は押した。

翁長県政を引き継ぎ、辺野古反対、人情派で人気者の玉城デニー知事だが、当然反対してくれるだろうという大方の期待にもし今回、応えないとしたら、これは玉城県政はもちろん、オール沖縄体制にも大きな影を落としかねない。私は、具志堅さんという県民の信頼の厚い人物がハンストに入ると聞いた時から、こんな日が来ることを恐れていた。

国が戦後処理を怠って遺族を悲しませているこの遺骨の問題は、一義的に国の責任であり、被害者は遺族で、責められるべきは国である。沖縄県知事でもなければ、個々の採掘業者でもないはずだ。それなのに、自然公園法で状況を止めようとすれば、県知事の決断が必要で、矛先は知事に向けられてしまう。また県民同士が対立する構図にはまってしまうのではないか。その危惧した状況に今まさに近づいているようで、胃がキリキリと痛んだ。

私も3月末、問題の採石場を見学する勉強会に参加した。そこは多くの慰霊碑が並ぶ「祈りの丘」のような緑地帯になっている場所なのだが、今回の動画の前半で紹介しているように、遠くから見ても無残に削り取られた斜面が痛々しい。

具志堅さんはこの斜面から去年11月に遺骨を発掘している。それは歯のすり減った具合から、兵士よりは年齢が上と見られ、高齢の住民の可能性が高いという。しかし立ち入り禁止になってそれ以上掘ることができなくなってしまった。具志堅さんの手に抱き上げてもらうことを75年間も待っていたこの老人の遺骨は、すぐそばに娘がいます、孫がまだ眠っています、と訴えかけていたかもしれないのだ。そんな声を聞いてしまう具志堅さんが現場で見せた、やりきれない表情が胸に刺さった。

問題の採石場の敷地内には「シーガーアブ」と呼ばれる大きな自然壕がある。その入り口には「有川中将以下将兵自決の壕」と書かれた慰霊碑が建つ。ここでは歩兵第64師団の幹部らが自決したとされている。もともとは風葬に使われていた墓地であり、戦争中は地域の住民の避難壕だったところに、宜野湾市の嘉数（かかず）高地の戦いなど激戦を経て南下してきた有川主一中将らが入り込んだという形だ。証言によると、住民7家族がシーガーアブに隠れていたが、なかなか投降に応じなかったためか、アメリカ軍にガソリンを大量に流し込まれて焼かれたということだ。その奥で自決していたのは有川中将か、または別の説もあるようだが、とにかく軍民混在の壕だった。それは今回、ひょんなことで私も中に入って遺品や遺骨を見たので間違いない。

実は、沖縄戦のことを長くやっているのに、私は大の「骨恐怖症」である。小学生の時、理科と社会の教科書はまず姉に渡して頭蓋骨や骨の写真、イラストは最初にすべて切り取ってもらった。そうでなければ怖くて開けなかったからだ。博物館でミイラを見てしまった時は1週間眠れなかった。ガマの取材も必要最小限にし、行く時はお守りや塩を持ち、覚悟をして行くのだが、今回は鹿児島の新聞社の女性記者が取材に来ていて、急遽シーガーアブに入る流れになった。有川中将が鹿児島ゆかりの人物だからという。

私は「この靴だと無理ですよね」とそろ~りと抜けようとしたが、具志堅さんが「三上さんのその靴で大丈夫ですよ」と言われ、引けなくなってしまった。この時期毛虫が、とか腰痛が、とか往生際の悪いことをつぶやきながら茂みをかき分け、ひんやりとした石がむき出しのガマの入り口まで降りていく。細い通路を5mも入ると、懐中電灯がなければ何も見えない。そこですぐに具志堅さんの声。

「これは遺骨ですよ。これは日本軍のポンチョのハトメ(金具)。あ、歯があります」

数分も置かずに足元の土から次々に見つかる骨や遺品。ここは何度か遺骨収集されて、測量もされている壕なのだが、それでも具志堅さんの目には小石と残された骨片の区別は瞬時につくようで、それこそ「神の手」のように土をなぞりながらここで起きた出来事を読み解いた。茶碗(ちゃわん)やボタンの種類から、陸軍がいたこと。歯の形から、若い兵士がいたこと。木枠の一部から、防毒マスクがあったこと。高熱で焼かれたようにひしゃげたガラス片から、火炎放射器か黄燐弾(おうりんだん)を入れられ、焼き殺された可能性があること。住民の食器から、軍民混在の壕だったこと。そして奥に粉々の遺骨があることから、奥で自決した軍人がいたこと。7家族がガソリンで焼かれたという証言とこれらを結びつけて、奥にいる日本軍から捕虜になるなと圧をかけられたために投降できないまま犠牲になってしまったであろうこと……。

40年間、戦没者の遺骨を掘り続けてきた具志堅さんの手と目は、瞬時に時空を超えて、19

４５年にこの空間で展開された光景を翻訳する。私にはただ暗く冷たい、気味の悪い場所に過ぎず、カメラを回したって何も映らない。でも、彼が来れば、着実に自分たちの生きた証と死にざまを本当に伝えたい相手に伝えてくれる、と、その瞬間を待ちわびている遺骨たちがいることを、私は肌で感じた。具志堅さんのような仕事をしている方々は、経験を積めば積むほど、死者たちの最後の望みを叶える存在として渇望されていることを自覚するのだろう。死者たちの想いを一手に引き受けて背負い、国とも、行政組織とも対峙する具志堅さんの強さの源を、ガマではまったくのヘナチョコな私ではあっても、そこに行ったから垣間見た気がした。今もまだ、一日千秋の想いで待っている人たちがいるのだ。死者も、遺族も。だからあきらめるなんてありえない。人道上やるべきことがなされていない、それをやるのみなのだと。

県庁の記者会見場に現れた玉城デニー知事は、「ハイサイぐすーよう、ちゅううがなびら（みなさんこんにちは、ご機嫌いかがですか？）」といういつものにこやかなあいさつすらこわばっていた。たぶん会場にいた人すべてが、こんな伏目がちなデニーさんを初めて見た、と思ったのではないだろうか。用意した文書を早口で読み上げ、「措置命令」で、遺骨の有無を関係機関と連携して確認することや戦没者の遺骨収集作業に支障がないような措置をとるよう業者に対して求めるとした。中止命令を望む声が強まってはいるが、業者の鉱業権も尊重しなくてはならず、県としては最大限に踏み込んだ異例の判断だと説明した。数人の記者の質問に答えて早々に会見を切り上げた知事は、具志堅さんがいる方向に一礼し、「デニーさん、頑張ってよ！」という誰かの激励の声を背に足早に去っていった。

脱力したように座っている具志堅さん。知事が去って開口一番「私に何か聞かれると思っていた」とつぶやいた。「置き去りにされた気がする……」と落胆の色を隠さなかった。ため息をつく姿は痛々しくさえあった。

「残念を通り越して憤りを感じております」

カメラが集まってくると、具志堅さんは背筋を伸ばしてマイクを握った。理路整然と何がおかしいのかを述べた。せめて、あの斜面だけでも制限をかけて欲しかった、と、事前に落としどころを話し合う機会も与えられなかったことを残念がった。そして、採掘業者も含めて、うちなーんちゅは子どもたちの見本になるような生き方をして欲しいと呼びかけた。

その呼びかけは、理想論に過ぎると言われそうだが、具志堅さんのまっすぐさ、ロマンチストと呼びたくなるくらいの純粋さはこんな時には強さになる。これだけ打ちのめされた日にまっとうなことが言える人はそうはいない。さらに、21日に防衛省に土砂採取計画の断念を求め、それでも止められなければ、6月23日の慰霊の日に向けて今度は摩文仁（まぶに）の丘でハンストをすると宣言した。全国から来る遺族に問題を知ってもらうためだという。さらに改まらなかった場合は、8月15日に東京の日本武道館の前でハンストをし、もっと多くの遺族のみなさんに訴えるという。小柄な具志堅さんの身体のどこにこんなエネルギーがあるのだろう。数分前の肩を落とした姿とは別人のようなこの変化に私は圧倒されていた。

24

嘆きの雨やまず――沖縄戦遺骨問題と慰霊の日

2021年6月30日

とにかく尋常ではない雨だった。沖縄に住んで27回目の慰霊の日（6月23日）だが、こんな台風並みの雨に打たれながら摩文仁に立ったことは一度もない。例年、不思議と慰霊の日の直前には梅雨は終わるものだった。今年は梅雨入りも早かったというのに、この雨は何かの怨みのようにやむことを知らない。昨日も各地で大雨の被害を出している沖縄。そんな中で、南部の土砂の採取をめぐり、具志堅隆松さんは摩文仁でハンストに入っていた。

「この間、たくさんの遺族の方々から、土砂採取を絶対に止めてください、何かできることはありますかと聞かれた。遺族のみなさんの声を、当事者の声を伝えるというシンプルなことをやってないと気づかされた。遺族の想いを伝えて、戦没者の尊厳を守るためにも不承認とすると、はっきり反対する理由に盛り込んで欲しい」

具志堅さんは23日の式典でここを訪れる玉城デニー知事に、直接想いを伝えるつもりだ。

ところで、6月23日の慰霊の日とは、ご存じの通り沖縄戦を戦った第32軍の将・牛島満（みつる）中将ら幹部が、最後の地・摩文仁の丘で自決した日に合わせて制定されている。しかし牛島司令官は自らの死をもって戦いを終わりにしたのかというと、そうではない。
「最後まで敢闘し、生きて虜囚の辱めを受くることなく、悠久の大義に生くべし」という最後の命令を出している。つまり自分の死後も、絶対に捕虜になるな、最後の1人まで戦えという命令を出して自分だけ楽になってしまった。したがって戦闘は終わらず、犠牲者は出続けた。

　住民や部下の運命をどん底に陥れたこの命令は、誰に向かって何を守るものだったのか。それを考えれば考えるほど、6月23日を慰霊の日とすることに抵抗がある県民が根強くいることもうなずける。日本の軍人の特質、日本の軍隊の成り立ちやその正体に関わる部分なので、牛島司令官の最後の姿勢を簡単に過去の出来事として収める気は、少なくとも私にはない。ところが、この十数年、自衛隊員が人目を忍ぶように牛島司令官の最後の地に建つ「黎明之塔」を、制服を着用して恭しく集団で参拝するようになった。

　どういうつもりの参拝なのか？　心はざわつくが、それを確認するには朝4時にはあの真っ暗な摩文仁の丘に登らねばならないので、なかなか撮影に行く勇気は持てなかったのだが、最近は待ち受けるメディアも多くなり、また今年は近くで具志堅さんたちがハンストで泊まり込んでいるという心強さもあって、2時に起きて深夜に摩文仁をめざした。

　牛島が自決し、介錯人によって首を切り落とされたのは朝4時半だったという。その時間になると、制服・私服の自衛隊員が複数登って来ては手を合わせていた。個人の参拝は自由だが、沖縄の住民を守るどころか大量に死に追いやった第32軍の作戦行為を本当に知ったうえで、その責任者に敬意を表するのか？と聞いてみたい衝動に駆られる。

そして4時50分頃、沖縄に展開する第15旅団のトップ、佐藤真（まこと）旅団長が、女性で初めて、最先任上級曹長という役職に就いた蛯原寛子（えびはらひろこ）准陸尉らと3人でやって来た、かりゆしウェアを着た広報部員数人を入れても少人数だ。例年は30人規模で参拝していたのでちょっと拍子抜けしたが、深々と礼をして1分ほどで踵（きびす）を返し、次の慰霊碑「しづたまの碑」に向かった。最後は「島守之塔」と3カ所を回ったので、これは軍人、民間人、官つまり公務員、すべての犠牲者を網羅した形なのだろう。「軍官民共生共死」というスローガンで官民を巻き込んだ沖縄戦の実相を知る者からすれば、自衛隊も今後予想される有事には「軍」だけでなく「官と民」の積極的協力を仰ぐつもりなのかと警戒してしまう。

急患輸送に不発弾処理、災害救助と沖縄に貢献してきた自衛隊の活動には、私を含め感謝していない県民はいないだろう。自衛隊に就職する若者も多く、かつて沖縄にあった自衛隊アレルギーはもはや過去の遺物になりつつある。しかし、沖縄県民を守らなかった旧日本軍と今の自衛隊の連続性について、沖縄のジャーナリストなら疑って当然である。同じ軍事組織として沖縄戦をどう分析して反省し、またどう評価して参考にしようとしているのか、それが徹底して明かされないことには簡単に「信頼」などできるはずがない。
「私的参拝です。慰霊の日に亡くなられた方々のご冥福を祈るという気持ちで来ています」という旅団長に対し、「制服を着て部下を伴って、私的はないんじゃないですか」「批判があることをご存じですか」「花束はポケットマネーですか?」と食い下がる記者たち。このような厳しい目があるということを毎年示すだけでも、自衛隊が過去の日本軍のような横暴な振る舞いをする日の再来を防ぐ力になる。ウォッチドッグ、権力を監視するというジャーナリストの本分を発揮している記者やカメラマンたちの存在がとても頼もしく思えた。そしてこの日、本土メディアも含めて、具志堅さんのテントに１００人を超えるメディアが集結していた。

　日が昇る頃からまた雨脚が強くなり始め、早朝から平和の礎に参拝する家族の姿も例年とは打って変わって少なく、過去最低の数だったと思う。身元不明者の遺骨を３万５０００柱も収容した骨塚である「魂魄の塔」にも行ってみたが、毎年ごった返すあの熱気はどこへやら、コロナ禍らしく間隔を取って参拝できる程度だった。やがて正午の黙禱（もくとう）の頃には、雨は本降りに。荒波寄せる海沿いの丘であることを再認識するほどの横殴りの雨。摩文仁全体が大荒れの空模様になり、玉城デニー知事のあいさつの時に大雨はピークを迎えた。

　たった30人の参列者、菅義偉（よしひで）総理もビデオでのあいさつとなった今年の式典はいつになくあっさりと終わったが、歩いて１分もかからないハンストのテントに、玉城知事はなかなか来な雨ざらしであってもその場を動くことができない。取り囲む記者やカメラマンは場所を確保するため、50分以上待たされることになった。15分も待てばという予想は外れ、機材を雨から守るのに必死。滝行でもしたかのようにずぶ濡れになる。毎年暑さでどうにもならない慰霊の日なのだが、長袖でも寒く、腰も冷え、足が攣って撮影態勢の維持も難しくなってきた。具志堅さんは自分だけテントの下にいるのは申し訳ないと大雨の中詫びに来たが、みんなあわてて中に入ってくださいと押し返した。丸4日食事をしていない具志堅さんが、知事を相手に想いを伝えられるか。取材陣は濡れネズミになりながらも固唾を呑んで見守っていた。

私も荷物とカメラで傘をさすこともできず、

糸満市摩文仁で座り込む具志堅さん

そこに、だいぶ遅れて玉城知事がやって来た。「デニーさん！」と笑顔で迎える具志堅さんに対し、知事の表情は少し硬い。「今日は、不承認の言質を取ろうなんていう考えはないんです」と開口一番相手を安心させる言葉を伝え、まずは84歳になる遺族の女性を紹介。彼女は骨が見つからない祖父とつながる望みを託してＤＮＡ鑑定を申し込んだと言い、何としてでも南部の土砂を埋め立てに使わないで、県のお金でその土地を買ってでも止めて欲しいと懇願した。

「いろんな人たちの気持ちを受け止めて、私たちにできることを頑張ります」

玉城知事は答えた。

具志堅さんは、防衛省に不承認と回答する時に、ぜひ戦没者の尊厳を守るということを理由に入れてくださいと迫るが、これに対しての回答はなかった。そしてこう言った。

「いろんな方々の声をしっかり受け止めて、しっかり考えたいと思います」

具志堅さんの顔が曇った。さっきとほぼ同じ言い方だ。いろんな人たちの気持ち、いろんな方々の声。みなさんの声もあるけれども、真逆の声もあります。ほかの人たちの気持ちもあります、と突き放された感があると思ったのは私だけではなかったようだ。緊迫した無言の５秒が流れ、具志堅さんは大きく息を吸って「もうひとつ」と決意したようにたたみかけた。

「多くの人が、デニーさんのことについて、不安に考えている方も……出始めています。その不安を解消するためにも、ぜひ、一歩ステップアップした……。安心させるための表現をよろしくお願いします！」。踏み込んだ言葉を乞う具志堅さん。

「言葉足らず、力足らずで大変申し訳ありません。自分にできることをしっかりやりたいと思いますのでよろしくお願いします」

それを最後に足早に去っていった知事。「デニーさん、頼むよう！」「お願いしまーす！」という声が黒い公用車を追いかけた。テントに残った具志堅さんは吐き捨てるように言った。

「私は、まだ甘いです！」

76年間土の中で待っている兵士の無念さ。乳飲み子を置いて行く母の慟哭。ガマに火炎放射器を入れられた恐怖、苦しさ。断末魔の叫びにじっと耳を傾けてきた自分が、今日到達すべき地平はこれで良かったのか？　厳しすぎるほどに自問する具志堅さんの姿があった。

2時を回り、私は北部の山中で戦った少年兵部隊・護郷隊（ごきょうたい）の慰霊祭に間に合わせたいと車に飛び乗り北に向かった。ビニールをしいて座るほど濡れているので、寒くてクーラーもかけられない。ところが5分も走らないうちに太陽の光が差してきた。南風原（はえばる）の道路は驚いたことに、カラカラに乾いている。え？　狐（きつね）につままれたようだ。摩文仁の暴風雨は、ずっとやまない雨は、あれは何だったのか？

「これは神さまの涙だよ。当分やまないはずよ」。神人（カミンチュ）（神職）のおばさんが現場で言った言葉が頭をぐるぐる回る。戦没者の嘆きの雨を、神さまの涙を全身で浴びた2021年の慰霊の日。私はきっとこの日の雨を、生涯、6月が来るたびに思い出すだろう。

25

なぜ私たちが「盾」にならなければいけないのか？

――奄美大島自衛隊配備リポート

２０２１年９月29日

「なぜ私たちがアメリカの〝シールド〟、盾にならないといけないのか、憤りを感じますし、日本政府もそれを知りながら着々とそこに向かっていることに強い危機感を覚えます」

　奄美大島に住む60代の男性は、くやしそうに訴えた。６月26日から、沖縄嘉手納（かでな）基地のアメリカ軍パトリオット部隊も奄美に入り、自衛隊と軍事訓練するとあって、その前日、日米合同訓練に反対する集会が開かれていた。

　６月18日から７月11日まで、陸上自衛隊はアメリカ陸軍と共に実動訓練「オリエント・シールド21」を実施。訓練の舞台は奄美だけではなく、伊丹駐屯地（兵庫県伊丹市）、矢臼別（やうすべつ）演習場（北海道別海町（べつかいちょう））など国内７カ所。「東洋の盾」というタイトルで１９８５年からほぼ毎年実施してきたものだが、35回目の今年の参加人数は自衛隊１４００人、アメリカ軍１６００人の合わせて３０００人規模で過去最大。日米軍事連携強化を内外にアピールした。東洋の盾、とはアメリカにとっての盾であることは言うまでもない。私たち日本列島が中国の太平洋への進出をにらんだ「西側諸国」にとっての「最前線の盾」に位置付けられているのだ。

奄美市街地の交差点では集まったのは30人あまり。決して多いとは言えないが、普段穏やかな奄美の島民性を考えると、その危機感は十分に伝わってくる。

「おととし春から自衛隊が来て、みなさん、奄美の生活は豊かになりましたか? 自衛隊はいいが米軍はダメと言ったって、自衛隊のいるところに必ず米軍は来て訓練をやるんです!」

マイクを握る男性は声を荒らげた。参加した女性は言う。

「平和な島だったのに、空気が変わってきた。新しい自衛隊の基地を見に行ってみる?と子どもに聞くと、怖いから行かない、と言う。のびのびと暮らしていたのに……」

日米合同軍事訓練が奄美で定例化するのは許せないと、50代の男性は怒りを込める。

「奄美市長は、自衛隊は受け入れるが米軍は入れないとはっきり言った。ならこの訓練に反対を表明すべきだ。明らかに中国をにらんで、自衛隊もアメリカ軍もこの島に来てミサイルを構える。ここは攻撃対象になってしまう。何もなければ標的になる心配もなかったのに」

翌26日、普段は静かな名瀬(なぜ)港にアメリカ軍の大型輸送船が着岸。中からミサイルの発射台を搭載した大型軍用車両が次々と姿を現した。迷彩服姿のアメリカ軍人が闊歩する港には、カメラを構えた歓迎ムードの島民の姿も若干見受けられたが、明らかな抗議行動はなかった。おととし開設された自衛隊の2つの基地に対しても、奄美の人びとの抵抗は少なかった。同じミサイル部隊の配備に強く反対してきた宮古島・石垣島とはかなり様相は異なる。

普段、奄美で自衛隊問題が話題になることはあまりないそうだ。合わせて宮古島駐屯地の面積の約5倍にあたる規模の奄美駐屯地（50・5ha）・瀬戸内分屯地（48ha）ができてしまったというのに、奄美に住む私の友人は基地が新設されたことも知らなかった。反対が少ない、と言うよりも関心が薄い。それは、両基地ともに山の上にあり日常生活で視界に入らないことや、鹿児島ローカルの新聞やテレビの中で自衛隊報道が少ないのも大きな要因だろう。

私は沖縄にいるので、日米の軍事連携がどう変遷してきたのかを肌で感じているから、南西諸島の自衛隊による要塞化が大変なことだと分かる。けれど、奄美までなかなか取材の手が回らなかった。遅きに失した感は否めないが、少しでも現状を伝えようと奄美に飛んだ。まずは、市の中心部から車で北に15分ほどの大熊地区に向かう。もともとゴルフ場で、山道のガードレールの上に上らないと見えないような場所に奄美駐屯地はあった。

見ると、横に250mはあろうかという建設途中の屋内型射撃場が目を引く。横にはピラミッド形の弾薬庫、その隣には地対空ミサイル搭載車両がずらりと並ぶ。手前にはミサイルの「掩体」（装備や物資、人を敵の攻撃から守る施設）がある。沖縄戦で軍用機を格納した掩体壕は天井があるが、こちらはない。ミサイルを撃ちながら、攻撃を受けた時の爆発の影響を局限するためのものだと、同行した軍事ジャーナリストの小西誠さんの説明を受け、ぞっとした。やはり当然ながら、ミサイル発射地点が敵からの標的になることは確実なのだ。

「南西諸島に配備される自衛隊のミサイル部隊の役割は、第一列島線と呼ばれる島々を結ぶラインから中国海軍を出さないため。アメリカの海峡封鎖作戦の一環です。だが、奄美の場合は兵站拠点としての役割の方が大きいのではないか」

この問題の取材を続けている小西さんは、軍事衝突が想定されている宮古島と石垣島方面に軍事物資や弾薬・燃料などを補給する最前線の集積拠点として、奄美が重要な役割を果たすと見ている。アメリカ軍のFCLP（陸上空母離着陸訓練）のために防衛省が確保したとされる大隅諸島の馬毛島も、同様に自衛隊の兵站拠点として活用されるという。

「瀬戸内分屯地には、トンネル状の奥行き250mもある弾薬庫が5本も掘削されている。近くにヘリパッドがあるので、ミサイルや弾薬をここからどんどんヘリで空輸するんですね」

今回の取材には石垣島で自衛隊基地建設に反対してきた「いのちと暮らしを守るオバーたちの会」の山里節子さんも同行していた。節子さんが表情をこわばらせて聞いた。

「ミサイルの行き先は南西諸島の中の沖縄……？」

「行き先は宮古島や石垣島です」

小西さんは即答した。軍事衝突が想定されているのは先島。兵站拠点は主に奄美と馬毛島。アメリカ軍に守られた形の沖縄本島には、本部機能を持ったミサイル部隊が勝連半島に配置されると発表されたばかりだ。つまり、陸自のミサイル部隊は奄美・沖縄本島・宮古島・石垣島の4カ所に配備されるが、沖縄本島の基地を叩けば直接アメリカ軍に喧嘩を売ることになるので、仮に中国が第一撃を加えるとしたら、アメリカ軍のいない島だろう。

それで先島が戦場になると懸念されている訳だが、奄美は中継拠点だから安心かというとそうはいかない。「事前集積」という軍事用語がある。島嶼部での戦闘は事前にどれだけ武器・弾薬・燃料・食糧と兵員を「集積」しておけるかにかかっている。空も海も敵に制圧されたあとは「事前集積」の量で勝負は決まる。だから沖縄戦では軍事物資の集積場所は真っ先に狙われ、輸送船もことごとく沈められた。兵站拠点を叩いておけば相手は戦争ができず自国の兵士を上陸させ死なせずに済むのだから、真っ先に標的になるのは戦争のセオリーだ。奄美は尖閣や台湾から遠いといっても、先に攻撃対象になってしまう可能性すらあるのだ。

しかし、そんな危機感は地域の住民にはまったく共有されていない。奄美駐屯地がある大熊地区の町内会長は、奄美の人は自衛隊にいい感情しか持っていないですと断言した。

「隊員は、雑木伐採とか地域行事も手伝ってくれるんですよ。2010年の豪雨の時もずいぶん助かったんです。災害に対処してくれるというのが住民にとっては一番大きいです」

奄美では、地元の団体が自衛隊誘致を国に働きかけ、要請を受けて防衛副大臣が来島し、自衛隊配備が進んだという話になっている。宮古島や石垣島でも、自衛隊に協力的な団体が先につくられ、防衛省はそれに応えたという形を取っていたので、その話は鵜呑みにはできないが、大熊地区も誘致したんですか？という問いに対して、町内会長は強く否定した。
「町は誘致に一切絡んでいない。それは市や県の方で。お金が入ることも、直接町にはないです。まあ、いろんなものをつくってくれるということは今後、あるかもしれませんが……。ただ、米軍が入ってくるとなると、賛成できないですね。沖縄の苦しみは聞いてますから」

次に巨大なトンネル状の弾薬庫があるという瀬戸内分屯地に向かう。こちらは奄美市中心部から車で南に50分ほどだが、風光明媚な奄美の山々を走り抜けながら、トンネルが多いことに気づく。この地形も、車載型ミサイルを撃ってすぐにトンネルに退避することができるため有利だという。今年、世界自然遺産に登録されたばかりの、生物多様性に富んだ山々。そこに隠れながら戦争をするという想定に、頭がついていけない。

その自然遺産エリアのすぐ隣に瀬戸内分屯地はあった。今回の動画には、標高の高いところを削って斜面に広大な軍事施設が建設されていく様子をドローンの映像で入れているが、実際にゲートの前に立っても、敷地の周りを走っても、目視では規模も何も分からない。最大の軍事機密であろう弾薬庫のトンネルも、当然見えない。

瀬戸内分屯地のゲートには、ライフル銃の引き金に指をかけて縦に構えている隊員がいてぎょっとした。しかし奄美駐屯地では撮影も止められたのに対し、こちらでは比較的丁寧に応対してもらえたので、いくつかカメラを回しながら質問させていただいた。

——宮古島、石垣島と違う奄美大島の自衛隊の役割は何ですか？

「それは防衛省の方に聞いていただいた方が正確にお答えできると思います」

——ミサイル自体の搬入は終わっているんですね？

「それについてもこちらでお答えすることはできません」

——奄美の人たちを守るために来たんですか？

「奄美というより、もともと国を守るために我々はここにいますので、奄美のためだけというよりは……」

——有事の際の、住民の避難とか安全確保の訓練やマニュアルはあるんですか？

「防災訓練は警察や消防の方々と一緒にやっています」

——それは災害時ですよね。有事の際に、住民の避難のために人員を割くことは？

「避難だけのために割くことはないんですが……。危険なところにいる方を外に出したりっていうことはあります」

危険地域から脱出させる訓練は、邦人救出プログラムとしてあるのだろうが、奄美大島の住民およそ5万8000人を安全に避難させる任務は、隊員の答え通り、自衛隊にはない。島民の生命や財産を守るのは自衛隊ではなく自治体と警察・消防の役割で、国民保護計画に基づいた避難計画を策定することになっている。では、戦場になってしまった島からどうやってそれだけの人数を安全な場所に逃がすのか。宮古・石垣も奄美も、今のところ避難所の設置や医療の提供など、災害支援のようなマニュアルはつくられているものの、全住民を島外に退避させうる具体策はまったくない。沖縄県でも、「国との連携」「在沖米軍との連携」という文言があるだけで、危険になった離島から脱出する「国民保護」計画はないに等しい。

瀬戸内分屯地に近い節子地区や嘉徳（かとく）地区の集落から、基地は見えない。一見、何も変わっていない穏やかな暮らしがそこにあるようにも見える。しかし、奄美一の美しさを誇る嘉徳湾にも暗い影が忍び寄る。護岸ひとつない湾に注ぎ込む嘉徳川の澄んだ水が、今年何度か白濁した。

嘉徳川は世界自然遺産の山を流れる清流で、わざわざ川を遡（さかのぼ）って滝の水を汲（く）んで飲むほどに美味しかったそうだが、上流の弾薬庫建設地からの排水が流れ込むようになり、それもできなくなってしまった。沈砂ダムのようなものを設置し、セメントの粒子を沈める薬品を混ぜているのだが、その化学物質もセメントと共に川に流出してしまっていると、嘉徳に住むジョン・マーク・高木さんは言う。

「ぼくは平和アクティビストじゃないけど、自衛隊が結局は自然を破壊している。嘉徳川は今回登録された世界自然遺産に含まれているし、この嘉徳湾もバッファゾーン（緩衝地帯）なのに、自然遺産に登録されても誰も守ってくれない」

ジョンさんはフランスで生まれ育ったが、父の故郷である日本の海岸線をグーグルでつぶさに見ていく中で、自然のままの海岸が残っている嘉徳浜を見つけてさっそく島を訪ねた。そして実際の川と浜の美しさに狂喜乱舞し、ここはジュラシック・ビーチだ！と名付けたそうだ。

「基地も、開発も、みんな賛成？と聞かれたら、ああそう言わないといけないのかな、と、隣の人を見て、そうね、と言ってるだけ。同じことを言わないといけないと思ってるだけで、自分の意見を言える人はほんの一部だと思う。みんな、怖がって生きているよね」

みんなと違う意見を言ってはいけないと怖がっている。フランス育ちのジョンさんにはそれがかなりおかしなことに感じるのだろう。沖縄では戦後アメリカ軍の支配に抵抗しながら生きるしかなかった分、粘り強く闘う知恵も経験も積み上がっている。でも奄美は、戦後一時期は米軍統治を経験したものの早々に復帰したので、国のやることに異議を唱えるのはとてつもなく大変なことと感じるのかもしれない。でも自衛隊に反対しなかった島として、さらに負担が増えるとしたら、どうだろうか。

アメリカ軍は、中国軍の能力増大を受けて、第一列島線上に地上発射型の中距離ミサイル網を構築する計画だ。候補地は、南西諸島のどこになるのかは未定だが、核弾頭も搭載可能な中距離ミサイル配備には、沖縄本島では相当な反発が予想されるので、先に奄美になるのではという見方もある。自衛隊基地も日米合同訓練も大きな抵抗もなく受け入れてくれた奄美大島は、沖縄本島よりずっと都合の良い島と映ってはいないか。

今、北朝鮮や中国の強硬姿勢を伝えるニュースが声高になる中で、民間の輸送機関なども巻き込みながら有事への即応体制の構築が日々進んでいく日本。私の脳裏に悪夢がよぎる。

兵站拠点として攻撃対象になった奄美で、戦闘員も逃げ場のない民間人も犠牲になったあとも、山深いトンネルに守られたミサイルだけは残る。それは「島嶼奪還作戦」で再上陸した「日米合同の軍事組織」が、取り出して使うためのもの。兵站拠点は「有効」だった。あの5本のトンネル状の弾薬庫の計画図が私に想像させるのは、そんな最悪のシナリオだ。

26

2021年12月22日

宮古島へのミサイル搬入と沖縄各地で加速する要塞化の動き

「オリンピックが終わったら国内は一気にキナ臭くなる」と、私は2020年から言い続けてきたが、はたしてそれは現実になってしまった。少なくとも私の住む南西諸島の空気は、格段に変わってきた。11月の沖縄県内紙は、連日自衛隊の動きが一面を飾った。今回リポートする宮古島へのミサイル本体の搬入のみならず、自衛隊の大規模演習やアメリカ軍の参加、県内に次々と新しい基地拠点を増やす動きが明るみに出た。数日前のシンポジウムでは「沖縄を戦場にしない県民の会」結成が呼びかけられるなど、決して大げさではなく「戦争前夜の危機」が叫ばれるようになってしまっている。

まずは11月14日、ついに宮古島に運び入れられてしまったミサイルをめぐる状況を見て欲しい（動画参照）。元ゴルフ場だった千代田地区で宮古島駐屯地が2019年に動き出し、島の南東端に造られた大規模な弾薬庫を擁する「保良訓練場」が今年ほぼ完成したが、ミサイルはまだ島に入っていなかった。もう入れ物ができているのだから、とか、島のリーダーが自衛隊基地建設を容認したから仕方ないのでは、といった冷めた見方もあるかもしれないが、少なくとも住宅地から200mあまりという距離に大量の弾薬が置かれる保良や七又という集落は、一貫して拒否してきた。島の活性化や安全などの理由で賛成する人たちが人口の密集する中心部に多くいようとも「島の人は賛成している」と外から言われるのは暴論だ。

14日の早朝、まだ暗いうちにミサイルを積んだ戦車揚陸艦「しもきた」が、平良港の沖合に姿を現した。港のゲートではミサイル積載車を市街地に入れまいと抗議する市民がすでに集まっている。警察車両も待機している。突堤の先では、いつも石垣島で自衛隊基地を監視している男性が、黒く巨大な自衛艦が迫って来る様子を撮影していた。近寄っていくと、目に涙を滲ませていたので、しばし言葉を失う。

「覚悟して来たけど、くやしい。私たちの暮らしは、なぜこんなにないがしろにされるのか?」

絞り出すような声で言った。宮古島でも石垣島でも、この6年、必死に反対してきた人びとの存在がある。踏ん張っている石垣島が最も工事を遅らせているが、石垣駐屯地の造成工事もかなり進んできた。基地が完成し、弾薬が運び込まれる今日の宮古島の姿は、明日の石垣島なのだ。

9時前、接岸した「しもきた」から火薬類を搭載したことを示す「火」のマークを付けたトレーラーが姿を現した。間もなくミサイル積載車15台と、前後の自衛隊車両合わせておよそ40台の車列が整い、港のゲートが開く。宮古島市の職員がゲートを守るように立ちふさがる。自衛隊の車列の先頭は、桜のマークを付けたジープで、中にいる2人の若い隊員がマイクを握り、警告した。

「通行の妨げになっています。危ないので道を空けてくださーい」

のっぺりとした声で繰り返す。

これには既視感がある。辺野古で、高江で、抵抗する県民に向かって防衛省の役人がメガホンで「道路に座り込む行為は、大変危険でーす」と壊れたレコーダーのように繰り返す光景。実際に人びとを排除するのは機動隊だ。しかし、一瞬見慣れた構図のようだが、これは全然違う局面を迎えたのだと気づいた。警察でも防衛局員でもなく、迷彩服を着てミサイルを携えた軍人が、直接島の人たちに「そこをどけ」と言っているのだ。かつて国防の名のもとに島々に有無を言わせず乗り込んできた日本の軍隊が、島民の生活を破壊し、命の危機に陥れた。それと同じ構図が今、再現されているのだ。

今回、座り込む人びとに直接手をかけて排除したのは沖縄県警であるが、今後自衛隊員はミサイルを発射するキャニスターを備えた車両で島内を走り回り、撃っては移動するという形の訓練を繰り返すことになる。そんな島の道路を進む先々に、もし抵抗する住民がいたら、毎回毎回警察に頼んで排除してもらう訳にはいかないだろう。その次は直接、自衛隊員が抵抗する住民を引きずって道を空けさせるしかない。有事には、作戦を優先する自衛隊員と足手まといになる住民という、沖縄戦と何ら変わらない構図に陥ってしまう。

「せめてどれだけの火薬を持ち込むのか説明してください。お願いしているんです！」

「警察のみなさん。私たちは島の平和を守りたいだけ。暮らしを守りたいだけ。分かってくれますよね？」

港に身体を投げ出した人たちは口々に訴えるが、機動隊が1人ずつ排除していく。そこには、お母さんと小学生の娘の姿もあった。それはミサイル基地に反対してきたお母さんたちのグループの楚南有香子さん親子だった。車で待っていてもいいよ、という有香子さんと娘のやり取りがあり、最初は車の周りで遊んでいた娘さんだったが、座り込みが緊迫してくると自分からお母さんの隣に座った。ゲートが開き、排除が始まると、あまりの怖さに泣き出す場面もあった。それを見ていた、ミサイルの運び込みを見物している男性がヤジを飛ばした。

「こんなところに子どもを連れて来て、泣かして。子どもを泣かせるな！」

すると、泣いていた娘さんが彼に向かって堂々と言った。

「お母さんが私を泣かしたんじゃない。あれが泣かしたんだ！」

そう言って自衛隊の車列を指さした。

子どもを政治的な場に連れて来るなという、一見正当に聞こえる批判が沖縄の抵抗の場に何度も投げかけられてきた。批判の主は、立ち上がらなければならない状況に置かれたことも、また人のために居ても立ってもいられない気持ちになったこともない、多数派に抗うことを避けてきた人に違いない。そもそも政治的な場に行かないということ自体が政治的である。子どもに政治の実態を見せないということも悪質に政治的である。判断能力もない子どもを洗脳する云々と言うが、親はいつも判断能力のない子どもを連れて社会を歩いているし、子どもは親の背中を見て育つ。親のすることを理解しようとして社会を学ぶ。この娘さんは、私の知る限りかなりの時間、島の平和や子どもたちの未来を守るために、と街で訴え、ビラを配り、寝る時間を削って資料をつくるお母さんを見てきている。その結果が、このミサイルが入る日なのだと十分分かっている。お母さんがどんな気持ちでその日を迎えたのか、十二分に分かっていたと思う。だから、怖くて携帯電話を見る格好をしながらでも、お母さんの側にいてあげようとしたのだと思う。それが虐待だろうか？

デモが傍らを通っても知らないふりをし、困っている人たちのSOSにも関心を持たない親であれば、子どももどう関わっていいのかを学ぶ機会を奪われるし、政治的なことは黙殺するに限る、という親の生き方を身に付けるだろう。それは「社会に関わらない」という政治的な姿勢を植え付けていることになる。いつか守りたいものができた時に、状況にひるまず闘う大人たちの姿を知っているか否かが、その若者の未来を左右するだろう。そういう意味では、沖縄の子どもたちは周りで頑張る大人たちをたくさん見てきているという点において、どの地域よりもたくさんの財産をすでにもらっている。少なくとも私はそういう親子や、世代が交替し、若い人が力をつけていく場面をたくさん見てきた。誰にも奪われない財産が受け継がれていく瞬間を、見てきたのだ。

車列は昼過ぎには保良訓練場に到着し、ゲート前で抗議の声を上げる人びとを越えて、最終目的地である弾薬庫の側に収まった。保良の男性は言った。

「いつも数人で、ゲート前で抗議したり監視したりしてきた。でも今日はこんなにたくさんの人が来てくれて心強い。これからまた反対、頑張ろうと。そういう気持ちになった」

運び込まれて終わりではない。これ以上火薬を入れない。今あるものを撤去させる。防衛省の戦略を変更させてでも、宮古島の基地を使わない方向に持っていく。次々に目標を定めて抵抗するのは、あきらめればさらにすごいものを押し付けられかねないからだ。強い抵抗がなかった奄美大島では、自衛隊がライフル銃を携行して民間地で移動訓練をするまでになった。短期間で島の空気は一変した。落胆して終わることも許されない厳しい状況だからこそ「勇気をもらったから続けられる」という言葉が出てくるのだ。

岸田政権になり、この国はいきなり「台湾有事ありき」「敵基地攻撃能力保持は急務」の路線を爆走し始めた。安倍元総理は「台湾有事は日本有事」と言うが、「台湾有事」とは一義的に中国と台湾の問題である。即座に日本がアメリカ軍と共に武力で呼応するのが当然であると国民に刷り込むのはやめてもらいたい。それは、日本列島にミサイル防衛網をつくることで中国をけん制するという現在の日米の作戦上、必ず日本国土を戦場にすることになる。言い換えれば、「台湾有事には、日本を戦場にしてでも参戦する」と宣言しているに等しい。とんでもない。

そんな危うい空気の中で、9月～11月は陸自10万人を動員した大規模訓練が実施された。「南西諸島有事」つまり沖縄あたりが戦場になったことを想定して、それに対応する移動・輸送・後方支援の訓練が、全国各地で民間輸送機関や港湾施設も巻き込んで実施されたのだ。いよいよ尖閣あたりで何かあるのか？という空気が滲み渡っていくのは怖いことだ。

11月19日からは、陸海空の自衛隊員3万人が参加する自衛隊統合演習も実施された。この訓練にはアメリカ軍5800人も参加。アメリカ軍主体の日米軍事演習に自衛隊が参加することはあったが、自衛隊の訓練に米軍が参加する形は初めてだ。それは、日本有事には自衛隊主体で対応すると内外に意思表示したに等しい。もちろんアメリカ軍がバックにいることが前提ではあるが、今、沖縄にいる海兵隊は、来年度までにEABO（遠征前方基地作戦）に対応するMLR（海兵沿岸連隊）に再編され、「島々に分散型の拠点を配置して中国のミサイル影響下で機動性に富んだ作戦を展開するという方向」にシフトする。つまり、今、南西諸島にある、固定された大型の基地は中国のミサイルによってハチの巣にされかねないので、そこは自衛隊に任せて、アメリカ軍は臨機応変に太平洋の島々を拠点に戦うということだ。

自衛隊が沖縄を拠点化する動きは加速している。沖縄本島東側の勝連半島にあるアメリカ軍のホワイトビーチには、このところ自衛艦が頻繁に姿を現しているが、その近くにある陸自勝連分屯地には南西諸島の4つ目のミサイル部隊が来ることが明らかになり、しかも石垣・宮古・奄美のミサイル部隊を統括する役目を負う。あわせて先島有事の際に物資を送り込む兵站拠点として整備される。近くにあるキャンプ・ハンセンや、辺野古のキャンプ・シュワブと軍港と滑走路を備えた新基地と共に、沖縄本島東海岸が自衛隊の一大拠点になることも見えてきた。

さらに「屋良覚書」によって国と県の間で民間使用に限定する約束が交わされている下地島空港や、今回訓練で使われた石垣港も自衛隊の拠点にする意向も明らかになった。ここまでの動きに対して、報道も追いついていないし、沖縄の平和運動の方も、辺野古やペルフルオロオクタンスルホン酸（PFOS）などの汚染案件はじめアメリカ軍の問題を多数抱えながらとても手が回らない。しかし、この数年で、沖縄を二度と戦場にしないという当たり前の誓いが、崩されようとしている。少なくとも米軍基地問題と自衛隊問題を分けて考えているようでは、私たちは負ける。今、問題なのは「自衛隊の是非」ではなく「自衛隊が私たちの住む島々をどう使おうとしているか」の問題であって「島々を二度と戦場にしない」ために「今のように自衛隊に私たちの生活の場である山も、空港も、港も訓練に提供し、やがて拠点に変えていかれたらどうなるのか」という差し迫った問題にどう向き合うか、ということなのだ。

今やこの国の国防をめぐる方針は激変しており、戦争を避けたいのなら、自衛隊問題に踏み込むと選挙に不利、などと言ってはいられない。みんなが不得意な「国防」に真正面から向き合っていく英知がなければ、大げさではなく、私たちの生活の場は、戦場の島に逆戻りしかねないのだ。

27

70回目の「屈辱の日」＠辺戸（へど）岬

2022年5月11日

沖縄本島最北端までドライブした人なら必ず訪れるであろう、辺戸岬。車を降りて散策すれば、遠く与論島（よろんじま）を望む崖っぷちに立つ石碑の前で記念写真を撮った記憶があるだろう。ところでその碑は、「祖国復帰記念碑」ではなくて「祖国復帰闘争碑」だということ、復帰を〝寿ぐ〟碑ではないということを、どれだけの人が理解しているだろうか？

私は小学6年生の時、初めて家族旅行でこの国頭村北端の岬を訪れた。父が「沖縄が復帰した記念碑だよ」と教えてくれた。でも、碑文を読んでも意味がよく分からなかった。厳しいアメリカ軍政が終わって日本に復帰できたというのに、ちっとも喜びが感じられない文章。それどころか、怒りやくやしさが渦巻いているように思えた。

「なんか、これ書いた人怒ってない？　お祝いじゃないの？　何でなの？」

「そうだね……」

父は明快な答えを示してはくれなかった。12歳の私は、なんだか呪いの言葉みたいで怖い、とモヤモヤした気持ちで引き返した記憶が鮮明に残っている。
この沖縄旅行は後々、私の人生を決定づけるものになるのだが、子ども心に私は2つの「呪いのように私にまとわりつく言葉」、すぐに解決できない宿題を沖縄から持ち帰ることになった。ひとつは旧平和祈念資料館の出口に書かれていた「むすびのことば」。これも、長くなるので稿を改めるが、後ろ髪をつかんで展示室に引き戻されるのではないかと思うほど恐ろしい力で私の身体に入り込み、棲(す)みついた。そしてもうひとつがこの祖国復帰闘争碑の言葉なのだ。碑文は長いので後半だけここに書くことにする。

「祖国復帰闘争碑」（後半）
一九七二年五月一五日　沖縄の祖国復帰は　実現した
しかし県民の平和への願いは叶えられず
日米国家権力の恣意のまま　軍事強化に逆用された
しかるが故(ゆえ)に　この碑は
喜びを表明するためにあるのでもなく
ましてや勝利を記念するためにあるのでもない
闘いをふり返り　大衆が信じ合い

自らの力を確め合い　決意を新たにし合うためにこそあり
人類が永遠に生存し
生きとし生けるものが　自然の摂理の下に
生きながらえ得るために　警鐘を鳴らさんとしてある

今考えてみると、12歳から沖縄に通い始めてこれまでの45年、そして30歳から住み始めて今までの27年は、あの平和祈念資料館の言葉に誠心誠意応えようと自分なりの模索を実践する日々であり、またこの闘争碑の苦悶（くもん）を自分の五臓六腑の痛みとし、内在化させるための年月だったのかもしれない。この間、数年おきに辺戸岬に来てこの碑文を読むたびに、分からなかった行が1つずつ減っていき、やがて意味が全部分かるようになると、風に涙を飛ばしてもらわなくては読めなくなり、さらに対岸の与論島の「沖縄返還記念之碑」の碑文に出会った時には滂沱（ぼうだ）の涙だった。その文章は、今回の動画のラストを見て欲しい。

そして今年は……。この復帰50年という妙に浮ついた年の5月15日を前に、そして日本から引き離された「講和条約」の日からちょうど70年である２０２２年の「屈辱の日」に、自分は何を思うのか？　何を思えばいいのか？

それを知るために、海上集会やかがり火のイベントがある4月28日の辺戸岬に立ち寄ってみた。たくさんのメディアのカメラが並ぶ。中継車、消防車、大きなイベント用のテント。ステージでは華やかな琉舞と歌。でも「屈辱の日」という言葉はどこにもなくて、「祖国復帰記念式典」と書かれた看板が日の丸と共に壇上に掲げられていた。

式典には、国頭村と海を隔てて向き合う与論町の関係者も招待され、和やかに交流を深めていた。そして陽が落ちて、与論島と辺戸岬でお互いに見えるようにかがり火を焚くイベントが始まる。コロナ拡散防止への配慮で一般の参加者は少なく、火が燃えあがっても「沖縄を返せ」の歌声はあまり大きくはならなかった。いや、大勢来たとしても、どういう気持ちで今年それを歌うのか?は、微妙な問題だった。私は遠巻きに見ていた。結論から言えば、夜になってもどんな感情を持っていいか分からないまま、泣くこともできない自分がいた。

「日本への復帰とは何だったのか?」と大上段に振りかぶった質問をされれば、それは、救済や解放の瞬間であるべきものが、あらゆる期待が失望に変わり、新たな苦難が始まった節目だったというほかない。碑文にもあるように、平和を希求する沖縄の想いは踏みにじられ、日本とアメリカ、2つの国によってさらなる軍事化が始まったのだ。「戦争の島」から解放されなかった落胆は大きい。

しかし、「絶望」ではなかった。沖縄はようやく日本国憲法を手にした。民主主義の主役になることができた。司法権も享受でき、異国の弾圧におびえる日々とは決別したのだから、積み残した課題は民主主義の手続きの中で徐々に実現していけばいい。復帰を勝ち取るまでの辛酸の日々に比べれば、これからはもっとじっくり、憲法に守られながら連帯を広げて取り組んでいけばよいのだ。今より悪くなることはないのだ、と。

私は復帰後の歩み50年のうち、27年をここで報道人として過ごしたので、5月が来るたびに、どこまで復帰時に積み残した課題を前進させ、そして何が未解決なのか？を毎年考えて取材し企画をつくってきた。本土との溝は簡単には埋まらないが、少なくとも、戦争や占領から遠ざかり、平和や解放に向かって進んでいるつもりだった。その速度は遅くとも、後退はしていないと信じていた。ところが、この数年の自国の軍隊による軍事要塞化のスピードはどうだ。米軍、米軍とアメリカの基地ばかり敵視しているうちに、あれよあれよという間に「中国と戦争するなら南西諸島で」という体制に組み込まれてしまったではないか。

去年12月24日の県内の新聞の見出しは「南西諸島に攻撃拠点」「沖縄また戦場に」「米軍、台湾有事で展開」「住民巻き添えの可能性」だった。アメリカ軍は、機動力を持った小規模な部隊を駆使し、島々を縦横無尽に拠点としながらＥＡＢＯという新たな戦略で中国を抑え込む態勢を構築する。日本もそれを了承した。沖縄はまた戦場にされるのか？

よく読めば辺戸岬の碑文にも、県民の平和への願いは「逆用され」軍事拠点にされること、生きとし生けるものが命を長らえる、その当たり前が叶わなくなる「警告」が、ちゃんと書き込まれている。そうなのだ。この碑文はもちろん復帰の達成を祝うものでもなければ、ただのくやしさを刻み付けたものでもない。これは、日米両方の軍事拠点であることに県民が抗わないならば、私たちの島はまた戦場になるという明快な「警告」だったのだ。

なぜ、復帰50年の沖縄が、再び戦場になる恐怖におびえる羽目になっているのか？　いったい何が間違っていたのか？　この50年の歩みを取材・報道してきた私たちの仕事は、とんでもなく的外れだったのか？　この5カ月も連載を更新できなかったのは、ここを戦場にしないためのあらゆる努力をしなければ手遅れになるという焦りから、撮影どころではなかったからだ。

昨年（2021年）12月から「ノーモア沖縄戦　命どぅ宝の会」を立ち上げ、保革問わず、改憲派もそうでない人も、自衛隊の是非もどっちでもよく、とにかく南西諸島の島々を戦場にしないという一点で共に行動しようという会にして、賛同者を募っている。

「台湾有事」は日本の存立危機だと煽る声に乗って、自衛隊もアメリカ軍と共に参戦するなら、戦場になるのは南西諸島に留まらない。日本列島全体に及ぶことは避けられないだろう。ウクライナ情勢を受けて国内でも改憲・敵基地攻撃能力確保・核の共有を肯定する流れになり、日本列島の戦場化も日々現実味を帯びている中で、この「沖縄撮影日記」の枠の中で何かが書ける気がしなかった。しかし、それでもやはり、沖縄が日々直面する事柄からしか実感してもらえないことがある。先人が復帰記念「闘争碑」に、「未完の闘争を継続しなければ、ここはまた戦場になる」と警告していることを伝えなければならない。国内戦を知る沖縄から要塞化の末路を伝えなければどうするのか？と自分に活を入れてこれを書いている。

復帰を願う与論島と沖縄島を結ぶ「焚火大会」を再現した4月28日のイベント@辺戸岬

辺戸岬に立つ祖国復帰闘争碑

復帰50年の月日とは何だったのか？と問われれば、私はこう答える。「憲法と民主主義を手にしても、日本と沖縄の不幸な関係を変えきれなかった50年である」と。そして、沖縄が再び戦場に使われる危惧をついに払拭できなかった責任は、我々メディアにもおおいにあるだろうと思っている。もっと言えば、沖縄が切り離されたことを悲しみ、その27年後の復帰を祝った覚えのある本土の善人たちが、みんなで沖縄を戦争の島から解放させようとこの50年本気で取り組んできたなら、沖縄戦の再来におびえるような今日を迎えることはなかったのだ。

「沖縄の不屈・人間解放の輝ける歴史」と与論島の人たちが称えてくれた沖縄の先人たちの苦労が実を結び、非戦の島としていつか、沖縄から世界の武装を解く流れをつくることができないものか。この丘に立ち、遥かに霞む与論島と、その手前に引かれた境界線を雲散霧消させた歴史を思う時、そんな壮大なことを考えてしまうが、夢想家に過ぎるだろうか。

しかし、12歳の時に何らかのバトンをここで受け取った私は、それぞれに引き受けたものを担いで走ろうとする人たちと一緒に、何かを生み出していかねばならぬのだとあらためて思う。おびえたり、泣いたりしている余裕はもうない。責任世代として本気でことを動かさねばと覚悟をしているからこそ、今年、私は辺戸岬で泣くこともできなかったのだと信じたい。

28

「日本人になれない」からの卒業
——なぜ復帰50年を祝えないのか

2022年5月18日

「岸田は帰れ。聞く耳が自慢なのに、なぜ沖縄の声は聞かないの？」

「復帰運動をあんなに頑張ったのに、50年目でこの状況はやるせない。でも認める訳にはいかないから、何としても沖縄の魂を見せつけないと！」

政府と沖縄県が復帰50年の式典を開く宜野湾市の沖縄コンベンションセンター。これから政府要人を迎える会場周辺は、県外からの応援で駆け付けた警察官であふれかえっているが、午前中激しい雨に見舞われたため、みんなかわいそうにマスクまでびしょ濡れだ。50年前の5月15日もバケツをひっくり返したような大雨だった。復帰を祝う式典が那覇市民会館で挙行されたが、沖縄の悲願が何重にも裏切られた形での復帰となってしまったために、隣の与儀（よぎ）公園には抗議に押し寄せた県民1万人あまりが集い、雨具に包まれた肩を怒りに震わせていた。

そして今年も、招待状もないのに式典会場の前に詰めかけた人たちは、口々にその話をした。「50年前も雨だった」と。そして「どんな雨でも、今日は行かないといけない」「お祝いムードで終わらせないで」と、カメラを持つ私に同じことを訴えた。

今年が復帰50周年にあたるということで、さまざまな企画やイベントが集中し、年が明けてからの沖縄はどこか浮ついた空気に包まれている。いろいろあっても、この節目を前向きに捉えようという流れもある。かといって沖縄の復帰と発展をまるで自分の手柄のように演出しかねない政府のイベントに対する警戒感も根強い。復帰の時のくやしさを記憶している世代の人たちは特に、お祝いされてたまるかという反発もある。でも結果的に、15日の復帰式典を伝える全国ニュースはどこも似たり寄ったりだった。岸田文雄総理のあいさつと玉城デニー知事の言葉を紹介する程度で、会場周辺の怒号が飛び交う様子はほとんど流れなかったようだ。

だから私は、式典に異議のある人たちが、どんな想いで集まって来ていたのか、その声を紹介することにした。たくさんの声を拾っているのでぜひ動画を見て欲しい。が、当然、復帰に肯定的な人はそこにはいないので、バランスの取れた「両方の意見」がないと不快だという方は、NHKのニュースの方をご覧いただきたい。

「復帰の時に一番ワジワジーした（腹が立った）のは自衛隊が入ってきたこと。いないはずのアメリカ軍もいるし。こんなはずじゃなかったと」

「50年前より悪くなっていますよ。インフラは整備されたかもしれないけどね。米軍基地は増える。自衛隊も入って来た。ミサイルも並べる。憲法も変えるんでしょ？」

50年前、基地のない平和な島になるという復帰の希望は砕かれた。しかし、憲法のもと、基本的人権を保障され、民主主義の主役として、本土の人たちと共に一つひとつ人権を回復していこうと、沖縄県民は熱心に大衆運動に取り組んできた。早く47都道府県の一員として肩を並べ、同じように大事にされ、守られる存在になろうとした。

今回インタビューした人の半分は沖縄の元先生で、復帰運動の先頭に立って頑張った人たちだ。教え子たちに、「頑張れば本土の人たちに決して引けを取らないんだよ」とはっぱをかけて、みんなで誇りの持てる島にしようと情熱を傾けてきた方々である。人一倍、復帰で積み残した課題に対して責任を感じ、退職後も平和運動に熱心に取り組んできたのがこの先生たちなのだ。

１９５４年生まれの富樫純子さんは、私が尊敬するそんな先生のひとりである。米軍基地がたくさんあった那覇市小禄の出身で、復帰して彼らがいなくなれば道が広くなると期待していたら、いつの間にか自衛隊のものになってしまったと苦笑する。

「でも私は日の丸の旗を振って復帰を願った少女でした。何もかもがよくなると思った。沖縄にないものがたくさんある本土に、パスポートも持たずに行けると」

彼女が子どもの頃に頻発していたアメリカ軍による事件や事故。でも、ジェット機が小学校に墜落し２００人あまりの死傷者を出した宮森小学校の事件さえ、特に記憶にはないという。

同じ那覇市の中学1年生だった国場秀夫くんがアメリカ軍のトラックに轢かれた事件でさえ、うろ覚えだそうだ。横断歩道を渡っていた国場くんには何の落ち度もなかったが、加害者の米兵は車から降りることもなく、ガムを噛んで遺体を眺めていたという。そのドライバーは「西日が眩しかった」と信号無視を正当化し無罪になった。くやしさのあまり、先生たちは自ら証言者を探し、本当に西日で信号が見えないかを検証したり、また生徒たちは大規模な抗議集会を開いたりしたことなどを昔取材した。彼女は社会科の教師になるべく勉強する中で、だんだんと沖縄の状況を俯瞰(ふかん)できるようになったそうだ。そして退職してからは、再び基地のない沖縄をめざして辺野古の座り込みにも積極的に参加してきた。でも日米両政府の壁の厚さに打ちのめされることも多い。

「沖縄が〝国内植民地〟なんだと自覚することはとてもつらいね。47都道府県のひとつで、同じ立場なんだと思いたいけど、そうではないということも自覚しないと。自覚してから、なにくそ、と次の闘いに行かないと」

珍しく弱気な発言をしたと思うと、ドキッとすることを言った。

「日本人になりたくても、なれないうちなーんちゅ、そんな風なことからはもう、卒業してしまわないといけない」

そう言って彼女は右手でゲンコツをつくって、おもむろにそれを覗き込んだ。

「この手の中にね、独立、とか、いろんなものがあるけれども……」

「私の独立する権利とかね、もっと自由でありたいと主張する権利とか、全部ここに入ってる訳ね。いつも握りしめているという。私たちは私たちなんだ、っていう……」

彼女のコブシは、何かを手繰り寄せるように宙を舞った。その手の中には、まだ完全に消されてはいない希望の粒子が、光になる日を待っている。そんな不思議な動作だった。

戦争では本土の防波堤にされ、戦後は本土から切り離された島に育った少女でも、本土にあこがれる。守られ、大事にされると信じて復帰を求める。そしてまた裏切られる。この物語は残酷に過ぎる。それでも復帰と同時に大人になった彼女は、本土に追い付こうと教育の世界で踏ん張り、手ごたえも感じて勤め上げ、退職後は平和運動に邁進する。辺野古や高江で、いつも元気で周りを照らす富樫さんに私も何度救われたことか。でも最近は少し疲れたと肩を落とす。宮古島や石垣島のことも何もできていないのが申し訳ない、と。

富樫さんだけでなく、今年の5月15日が近づいてくるにつれて〝この50年は何だったのだろう?〟と問い返し、自分に突きつけ、つらくなってしまった人が、この島にはたくさんいたと思う。政府の欺瞞や本土の冷たさを責めるだけでは納得できず、自分は何をしてきたのだろう?と居ても立ってもいられなくなった人が、とにかくこの日を「お祝い」で終わらせないで欲しいと会場の周りに集まってきているのだった。

しかしその間、式典会場のステージでは、招待された観客を前に、沖縄の文化や自然を褒めそやし、国と力を合わせて見事な経済発展を遂げたことをうたい上げるＶＴＲが上映されていた。そして岸田総理は、沖縄返還は「日米両国の友好と信頼により可能になった」と胸を張った。これは県民の認識とはかけ離れたものだ。

復帰は、アメリカの軍政に苦しむ沖縄県民の日本復帰を求める地を這うような取り組みが勝ち取ったものである。県民のつくり上げた大きなうねりが抑えきれなくなったからこそ、あたかも外交の成果のように装って沖縄県民の眼を逸らしながら「基地の自由使用」や「核の再持ち込み」の密約で沖縄を「取引」したのが日本政府から見た沖縄復帰ではなかったか。沖縄の学者やローカルメディアが何重にも暴いてきた復帰の密約に関して、よもや県民が気づいていないと政府が思っているとしたら噴飯ものである。

私は、会場前でプラカードを掲げている人たちは幸いであると思った。仮に、雨だからと家でこの式典を中継で見ていたら、憤死してしまいそうになっていたはずだから。

今回の動画では、間違って式典に抗議する人たちのいる場所を通ってしまった仲井真元知事や、首相官邸前でハンストを始めた元山仁士郎さんや、また本土の平和運動の人びとや中核系団体、革マル系団体、それを追いかけてきた右翼団体など、実にさまざまな動きを伝えている。それぞれ思うところはあるが、映像の紹介に留めておく。決して「天皇皇后両陛下もオンライン参加した和やかな50周年式典」だけではなかった記録を残せたらと思う。

誰かがこんなことを言っていた。沖縄は、博打（ばくち）で負けた借金のカタか何かで、人質のように他人の家にやられていたものが、50年前、虐待する親の家に戻っただけだと。笑えない話だ。せめて兄姉はそろって末っ子の味方をし、力を合わせてグダグダの親の性根を入れ替えましたとさ、というハッピーエンドに無理にでももっていってくれないと、三流の絵本にもならない。

宜野湾市の沖縄コンベンションセンターの前では、復帰50年の式典を祝うことはできないと訴える人びとが声を上げていた

しかし46人の兄姉たちは、「いじめられるのは自分が悪いのか？」と泣いているこの末っ子に、どんな手を差し伸べてくれただろうか。たとえ50年黙殺してきたという姉や兄でも、今からでも遅くはない。「あなたは大事な、私たちと同じ対等なきょうだいよ」と沖縄くんの肩を抱いて、しばし一緒に歩いてはくれまいか？

「沖縄に雪が降らないのも、桜が咲かないのも、みんな沖縄が悪い、と思った」

式典のあと、なんとも形容できない疲れを引きずったままパソコンで自分が撮影した映像をプレビューしていた私は、富樫さんのこの言葉に手を止め、泣いた。このもつれた感情は、単なるコンプレックスとは違う。「なぜ不十分な日本人なのか？」というような問いに苦しみ続ける大人たちの横で、少女はそう思うしかなかった。でも、「そんな風なことからはもう、卒業してしまわないといけない」。それが、復帰願望が強かった沖縄の少女の、半世紀を経た結論だった。

50年経っても、ここに雪は降らないし、ソメイヨシノも咲かない。親に愛されることも、家族に守られて眠る安心も、雪と桜ほどに儚(はかな)くこの島からはつかみ取れないものなのだとしたら、卒業してしまわないと先に進めないのだから。

29

Call My Name――死者と共鳴する慰霊の時間

2022年6月29日

毎年、新たな戦没者が判明し、今なお刻銘者の数が増え続けている沖縄の「平和の礎」。軍人・民間人・外国人・敵味方も一切関係なく、沖縄戦で命を落としたすべての人の名前を刻んだモニュメントだが、現在、24万1686人となったそのすべての名前を、生の人の声で交代で読み上げていこうというイベントが、今年初めて行われた。

え、全部聞く人なんているの？　名前の読み仮名を正確に把握するのは無理よね？　各市町村でホストを決めて、読谷村の戦没者は読谷村の人が……と言っても、取り組める地域とできない地域が出てしまうのでは？

計画を聞いた時、無謀ではないか？という懸念がまず私の頭をよぎった。でも同時に面白い！と思った。名前を読むだけ。これは誰でも参加できて、そして参加した人にこそ、実は大きな変化をもたらす、画期的なイベントになるかもしれない、と。そして気づけば、この「沖縄『平和の礎』名前を読み上げる集い」の実行委員に名を連ねていた。

6月12日から23日「慰霊の日」の朝までの12日間。連日、早朝から夜中の3時までひたすら戦没者名簿を読み上げるという試みなのだが、どこにいても、ネット環境があればYouTubeやZoomで見守ったり参加したり自由にできる。インターネットを使わない人でも、主催者から名簿を受け取れたら電話でも読み上げに参加できる。そんな感じで、わりと何でもありの、垣根の低い形で読み上げイベントはスタートしていった。

この期間、本当にずっと名前が読み上げられ続けているのかな？と夜中や平日の朝などにちょこちょこサイトを覗いてみた。すると確かに、画面では常に途切れることなく、生で、誰かが戦没者の名前を淡々と読み上げていた。画面には名簿と、読んでいる人のワンショットがあるのみで単調、地味ではある。Zoomの参加者も少ない時は4、5人だったりするが、それでも参加者はそれぞれに真剣に、丁寧に、1945年に突然人生を終えることになってしまった一人ひとりの魂に息を吹き込むように、死者の名前を声に出して読んでいた。

慰霊の日の前日、糸満市の摩文仁の丘の、刻銘された戦没者の名前に囲まれた空間で読み上げが行われるというので、これは行かなくてはと車を南に走らせた。ところが、梅雨が明けて一気に上昇した気温に身体がついていかず、平和祈念公園を歩いているだけでフラフラになる。そんな炎天下、40〜50人の元気な高校生たちの一団が列をつくっていた。その先にはパソコンを載せた譜面台があって、1人の生徒が50人の名前を読み上げると後ろの人に交代していく。

近隣の県立向陽高等学校の生徒たちだった。さすがに自発的に参加したというだけあって、しっかりと役割をこなし、インタビューにも快く応じてくれた。

「体験者の話を聞いたり新聞で読んだり、戦争のことを学んできたつもりだったんですけど、名前を読み上げると、それ以上に戦争の悲惨さが分かりました」

「同じ苗字の方がいっぱい並んでたってことはたぶん、一族の方が一緒に亡くなったのかな？とか、自決しちゃったのかな？とか思えて、つらくなりましたね」

「やっぱり沖縄が好きだから、沖縄で何があったのか知りたくて。過去に学べ、じゃないですけど、どんなことがあってこうなったんだよ、ということが分かれば、じゃあ（次の戦争は）やらないでおこうね、ってなるから」

　年の頃で言えば、まさにひめゆり学徒隊として戦場に動員された女生徒たちと同じである彼女たちが、77年前の出来事をここまで自分に引き付けて考えていることがうれしかった。戦死者一人ひとりも、本来は彼女たちとまったく同じように人生を謳歌し、確かに存在していた命なのだ、ということが、声帯を震わせ、誰かの声となって名前が呼ばれることで、かつてなくリアルに感じられた。そして何より私には、彼女たちが発する言霊が「待ってました！」とばかりに、摩文仁の丘に、礎の石の中に、瞬時に滲み込んで渇きを潤していったように感じられた。

遺骨収集ボランティアの具志堅隆松さんも、この活動の呼びかけ人のひとりだった。彼がこれまで取り上げてきた名もない骨たちも、本当は掬い上げられた瞬間に即座に名前で呼ばれたかっただろう。その人たちの名前もきっと、含まれているに違いない。だから具志堅さんは、何度も読み手も引き受けていた。

「戦争を否定するためにやってきた活動なのに、今また目の前に戦争を突きつけられてしまった。天地がひっくり返ったような衝撃だ。日本本土を守る軍事的な防波堤の役割を、沖縄戦に続いてもう一度、担ってくださいと言われているような気がします。でも、今度は断ります」

今年も摩文仁でハンストを決行している具志堅さんは、きっぱりとした口調でこう続けた。

「今、戦場になった島々からどうやって住民を安全に避難させられるか?という議論が盛んになってきていますけど、これはおかしいです。出て行くべきは、私たちではありません。軍事基地です。私たちは、沖縄に住み続けていい。その権利を持っているんです!」

25年間、沖縄の民意を無視して辺野古の基地をごり押ししてきた日本政府は、さらに沖縄戦の犠牲者の遺骨を含んだ土砂までそこに投入すると言い、挙句の果てに中国の太平洋進出を止める作戦の要衝として、私たちの住む島々を勝手に使うという。復帰して50年という節目の年は、こんなに残酷な「祖国」の本性をいやというほど直視させられる年になった。

そんな中で、新型コロナの影響で見送られていた総理大臣の追悼式典への参加が3年ぶりに実現した。黙っていたら再び沖縄を戦場に差し出すことになりかねない、と焦る人びとは、政府首脳が摩文仁にやって来る機会を捉えて異議を申し立てようと会場周辺に集まってきた。

島中が悲しみにあふれる慰霊の日。静かに追悼するのが本来の姿であることは沖縄県民が一番よく知っている。が、今年は政府側も沖縄県民の不満を見越してなのか、県外から大勢の機動隊員を動員して過重な警備をしき、式典会場からあからさまに一般市民を遠ざけた。参拝するにも遠回りを強いられた高齢者たちが激怒する場面を何度も見た。そんな中で、岸田総理のあいさつの時のみ、かつてないほどの怒号が会場周辺から上がった。現場では緊張が走った。中継のマイクにも入ったであろうこの声に対し、死者たちに敬意はないのか?と非難する書き込みがネットにあふれた。しかし、この行動を「お行儀がいい、悪い」という価値判断だけで非難するのは、誰にでもできる簡単な、そして何の足しにもならない論評と言わざるをえない。

あえて問おう。死者に対して「お行儀がいい」というのはどういう態度であろうか。32軍司令部のトップが自決したといわれる「黎明之塔」で、彼らに敬意を表して「海ゆかば」を熱唱するのは、確かに死者を軽んじている行為ではないだろう。そこには命を懸けて国を守ろうとした人びとへの尊敬の気持ちと誠意もあるだろう。しかし、であるならば、同じく命を懸けることになってしまった一兵卒や民間人たちの骨が散らばっている南部の土にも、最大限の敬意を表して、最後の骨片を回収し供養するまでは土砂採取は控えるべきだという運動にも加わって欲しい。旧日本軍を誇りに思う自衛隊関係者や防衛省の人間であればなおさら、具志堅さんのやっていることを応援するのが戦死者に対する人道的な礼儀ではないだろうか。

さらに言わせてもらうが、今回の動画の証言にもあるような、追い詰められた摩文仁の地で折り重なるように死んでいった名前も分からない死者たちは今、「立派だった」と、「国の礎になってくれてありがとう」と褒められたり感謝されたりすることを望んでいるだろうか？　彼らが死んでいった状況に向き合い、本気で理解する努力をした人間であれば、あの場所で死んでいった人たちは、兵も民もみな「国に見捨てられた」ために「叩き殺された」に過ぎないと分かるはずだ。なぜこんな目に遭ったのか？という嘆きは「立派でした」という札で封印するなど到底できないことも。

名誉や感謝の包装紙で遺体をくるんでおきたいのは、彼らを死なせた側が楽になりたい、それだけが動機の陳腐な行動であることに、戦後77年経ってなお気づかないことこそ死者に対する最大の侮辱である。死者は、死んでなお「軍神」や「英霊」という枠にはめられて利用されたいはずがない。そうではなくて、「見つけて欲しい」のだ、「名前を呼んで欲しい」のだ。「なぜこうなったのか、解明して欲しい」と、同じ地獄が再現されることがないよう、騙されないよう、「私たちの屍から揺らぎない平和をつかみ取って欲しい」と地中から声を上げていることが、なぜ分からないのか。

死者たちの声に耳を傾け、代弁することが慰霊になるなら、「騙されないぞ！」「沖縄の海を埋めるな！」「戦争に使うな！」という叫びは、彼らの想いを言語化した弔い方のひとつともいえる。戦死者に礼を尽くすということは、沖縄をぶっ壊す政権の長が島にやって来た時に、おとなしく下を向いてやり過ごすことでは決してないと私は信じる。私が沖縄戦の死者なら、今年77年ぶりに名前を呼んでもらったことに、地中から躍り上がって喜ぶだろう。

「私の話を聞いてくれる？　私は○○村の○○ですよ、ここには姉も弟も眠っているのよ、彼らの名前も呼んであげて！」

と語り始めるだろう。そしてこう言うだろう。

「たくさん聞いて欲しいけど、本当に伝えたいことは1つだけ。もう騙されないで。また利用されないで。本気で命を守りなさい」

と。そして77年ぶりに名乗りを上げて、高らかに言うだろう。

「口をつぐんではダメ。さあ声を上げて！　命どぅ宝！　命どぅ宝！　島の命を潰すすべてのたくらみを追い出せ！」と。

30

2022年9月28日

シェルター？　それが助かる道ですか？

――政府、先島を優先に設置検討

9月16日、沖縄の2つの新聞にはまた衝撃的な見出しが躍った。

「先島に住民避難シェルター」
「政府検討　有事を想定」
「石垣市など複数候補地」

政府は2023年度予算案の概算要求で、武力攻撃に耐えうるシェルターの調査費を計上した。台湾情勢が緊迫しているとして、避難が困難な離島に地上型・地下型、共に検討するという。

私は青ざめた。アメリカ下院議長のペロシ議員の台湾訪問以降、アメリカの挑発に乗って中国の軍事威嚇行動も過熱し、さらにアメリカは原子力空母を韓国に入れたり、カナダの戦艦と台湾海峡を航行したりして、台湾有事は近いという報道が日ごとに増えている。そんな中で、「シェルター」に予算が付いたと報道されれば人びとは一気に不安に陥り、あらぬ方向に空気が動きかねないと懸念するからだ。

シェルターは各戸に造られるのか？　何人入れるのか？　食糧は備蓄したとして、水道や下水はどう維持するのか？　放射性物質には耐えられるのか？　予算が足りず、シェルターが行き渡らないとか、案外早く戦場化すると、結局ガマに再び駆け込むことにならないか？　こんな妄想と不安で瞬時に頭がパンパンになる。シェルターの議論は「どうやって助かろう？」という思考に流れてしまう。

人はみな、何とか家族だけでも助けたいと思うものだ。だからシェルター工事の順番の取り合いや、「逃げ勝負、隠れ勝負」が始まったらもう収拾がつかない。しかし本来はまだ冷静にこう考えるべきだ。

「今本当に危機が迫っていますか？」

「なぜ私たちの島が攻撃されないといけなくなったのですか？」

「それはまだ、止められますよね？」と。

それをみんなで考える段階を一足飛びに越えて、避難のシミュレーションや食糧や水の備蓄合戦に乗り出してしまったら、それは戦争を止めるのに使うべき力を戦争準備につぎ込んで、逆に有事を覚悟したというメッセージにもなりかねない。シェルター議論に埋没するのは、戦争準備を進めたい側の思う壺になることを即座に指摘しなければ！

この状況は一刻を争う、ということで、私たち「ノーモア沖縄戦　命どぅ宝の会」では朝からすぐに連絡を取り合い、20日に県庁で記者会見を設定、シェルターや戦争準備に予算をかける前に、南西諸島の軍事要塞化中止を求めることになった。そして翌日21日に県庁の前で緊急集会を開くことを決めた。集会は昼と夕方の2回行われた。たぶん、沖縄のこの危機感は、本土にほとんど共有されていないだろう（動画参照）。

「ガマは、本来手を付けてはいけない、聖地なんです」

共同代表の具志堅隆松さんは顔をゆがめた。

「あそこは……。亡くなった人のことを考える場所であって、あそこでもう、二度と人が死ぬようなことはあってはならない。ああいう場所で二度と人を死なせてはいけないんです」

ずっと遺骨収集のボランティア活動に取り組んできた具志堅さんは、死者をきちんと家族のもとに帰すまでは戦争は終わらないと考え、頑張ってきた。ところが、前の戦争の処理も終わらぬうちに次の戦争犠牲者がこの島から出ようとしていることにいたたまれず、この会の共同代表になった。今の危機を共有してこの流れを止めようと国連にも出向いて訴え、精力的に動いてきたが、あれよあれよという間に沖縄で軍隊と共に避難訓練をするとか、シェルターを造るという話になり、そしてあろうことか「沖縄には避難に適した自然壕がある」などと発言する国会議員まで出てきて、なんて不謹慎なのかと憤っている。

「ぼくは、有事になったら全国の首長と議員たちは、全員を避難させたあとに最後に避難してくれと言っている。それを見届けてから、ぼくは避難しますよ」

具志堅さんは十数年前、同じく「ノーモア沖縄戦　命どぅ宝の会」共同代表の石原昌家(まさいえ)沖縄国際大学名誉教授らと共に「無防備地域宣言」の地域を増やして沖縄を安全な場所にする活動に乗り出したこともある。シェルターもガマも、沖縄にいる150万人全員の命を守り切れるはずもない。それよりは、基地もなく軍隊もいない文民だけの地域をつくり、ここに来ればとりあえずは攻撃を受けないという場所を確保する方が現実的では。そんな「無防備地域宣言の島」をいくつも確保しておくことも同時に考えないと間に合わないのでは？という焦りは私の中にもある。具志堅さんも、それもやりたいけれども、と前置きをしたうえで、でも逃げ方や隠れ方を考えるより先にやるべきことがあると、今は主張しなければならないと言い切る。シェルターは最後の議論、その前に戦争をさせないことを優先して取り組まないといけないと、引き金を引かせない努力が先だと訴えている。

「沖縄から、日米の軍隊が中国を攻撃する。それをするからここで戦争が始まる。しなければ始まらない。とにかくその危機を取り除き、そのあとに、危険要因である軍隊は全部撤去させるところまで行くべき。それが日本軍であろうと……」

集会ではまず山城博治共同代表がマイクを握り、昼休みの県庁職員やサラリーマンたちに訴えた。

「避難シェルターは、沖縄が戦場になると認めたようなものです。誰が沖縄で戦争することを認めたというんですか!? 馬鹿にするんじゃないですよ！　シェルターを造る前に外交をやれ！　北京に行け！　アメリカに行け！」

「バイデン！　耳をこじ開けてよく聞け！　沖縄はあなた方のものではないのだ。ここは私たちの島だ。ここで戦争することは、絶対に許さない」

そして登壇者は口々に、なぜ沖縄県民が戦争におびえなければならないのか、150万県民の命はシェルターなどでは到底救えないと、怒りと危機感を露(あらわ)にしていた。戦争をさせないためには沖縄県民の団結が必要で、県民大会を開催するべきだという意見が上がってきた。

でもこの問題は、実はとても難しくて、すでに新たな分断を呼んでしまっている。命の危険が迫っているのに「シェルターいらない」とは何事か、と同じ反戦平和をめざす陣営からも非難の声がある。逃げる場所を確保するのがなぜいけないのか？　政府が造ると言っているなら少しでも安全な場所を増やしておいた方がいいではないかと。そして、自衛隊配備の問題と闘ってきた宮古島や石垣島の人びとからも困惑の声。「私たちは安全に避難できる方法を確立してくれ、保護計画も不十分なうちはミサイルを配備するな、と訴えてきたもので、シェルターいらないという闘い方はできない」という。それも当然だろう。ミサイルが飛んで来る恐怖をよりリアルに感じている地域の人にしてみたら、沖縄本島でとんでもない主張を始めたと誤解されるかもしれない。

しかし、だからこそ冒頭で書いたように共通認識と主張する順序が大事なのだ。「入れる人はシェルターに入ろう」「逃げられる人は逃げ場を確保しよう」という「逃げ勝負、隠れ勝負」が始まってしまうと、シェルター需要にたかる業者が島を闊歩し、不安を煽り、出て行く先がある人は出て行く、余裕のある人とそうでない人が分断される、という具合に共同体が崩れていくだろう。そんな末期の段階に至る何歩も手前にいる今だからこそ、無意識に戦争への道をゾロゾロと歩いていく人たちの群れに、あちこちからブレーキをかけなければならない。

7月、玉城デニー沖縄県知事が黒岩祐治(ゆうじ)神奈川県知事との対話の中で、「ビッグレスキュー」というアメリカ軍と自衛隊も参加する総合防災訓練について、神奈川を手本に沖縄も実施すべきという立場を表明してしまった。しかも知事からアメリカ軍に打診してみようという発言だったので、それはいかがなものかと批判の声が上がった。県知事として、災害からも有事からも県民の命を救うという観点からの発言だっただろうが、こうやって津波や大地震の備え、と言いつつ自衛隊の指揮のもとで、アメリカ軍の協力を得ながら大規模な避難訓練を実施するようになれば、不安な時は軍隊の指示通りに動く習性が刷り込まれていく。身の安全を軍事組織に委ねるような従順な民が育ち、やがてバケツリレーから竹やり訓練へ。防災訓練から戦争訓練へと無理なく移行していくだろう。軍隊が民を統率する手段として、どの国でも「防災訓練」が利用されてきた歴史の教訓を、私たちは十分に認識しておかなければならない。先日行われた知事選挙の前にも私たちは知事に対し、この「軍民合同の避難訓練」はやらないで欲しいという要請をしている。しかし年内に大規模訓練をするという話はまだ消えてはいない。

ところで、全国紙にもキナ臭い記事が増えているが、最近特に「産経新聞」の論調に恐怖を禁じえない。「南西有事」という言葉を使い、ここが戦場になるのは既定路線のように記事を展開している。そして、今の弾薬保有量では戦闘継続力がない。20倍以上にしないと中国の侵攻に対抗できないという見方を繰り返し報じている。最前線の九州・沖縄の弾薬の備蓄はわずか1割弱しかないとして、貯蔵庫が不足しているため、アメリカ軍の弾薬庫を間借りする提案までしている。

この議論は、南西諸島に生活する人間からすると恐怖でしかない。「南西有事」に備えて20倍に増やす弾薬というのは、占領されたあとに、島にいる敵を殲滅させ逆上陸する離島奪還作戦の中で、私たちの島に向けて撃ち込まれるものとして使われる可能性が高い。自分たちを焼くための火薬を増やせ、持ち込ませろという議論には怒り心頭である。国防を考える人びとには、77年前も今も、島に生きる命は最初から透明人間のようにまったく見えないかのようだ。

このようなことを言ったり書いたりすると、すぐに「じゃあ日本が侵略されてもいいの？」という反論が来る。だがこの沖縄の平和運動を敵視する人たちは、同じ国民の命や暮らしを犠牲にしてでも、自分の安心だけは確保したいと公言しているようなものだ。自分は絶対に現地に近寄らず、助かる側に入りたいというみっともないまでの利己的な発言になっていることに気づいていないのだろうか？

私は幼い頃からなぜか戦争が怖くて、よく祖父母や両親に戦争の話を聞いては「なぜ、あの戦争が止められなかったの？」と訊（たず）ねた。答えに窮する姿を見て、当時の大人たちは「騙されやすくて意気地がなかった」「愚かで情けない人たちだった」と思っている自分がいた。

でも今、まさに私たちは愚かで、鈍くて、戦争がこんなに迫っていても「まさかやー」と思っている、令和の情けない人びとになりつつあるのだ。絶対に戦争を起こさせない、と立ち上がることなく、中国をやっつけろ！という勇ましい言動のグループを好み「自分だけは大丈夫」と思わせてくれるものにすがろうとする。あの戦争でおびただしい血を流して獲得した不戦の誓いをいとも簡単に捨てようとする勢力に加担し、一部を犠牲にしてでも強い国をめざしたいと考えてしまう。私たちは実に弱く、学ばない、「戦争を止められない愚かな令和の日本人」なのだ。

最後にもう一度言う。私たち全員がシェルターに入ることはできません。沖縄県民約150万人が避難する術もなく、受け入れ態勢の構築も非現実的。病気や高齢で移動不可能な3万人を置いて逃げるつもりもありません。それを考えるよりは、軍事作戦にここを使うのをやめてもらう方がずっと現実的です。そうすれば私たちが島を捨てて避難する必要はない。この島から出て行くべきは軍事組織の方です。「どう避難するか」を考える前に、どうやって「戦争に向かうこの流れを止めるか」に全力を尽くしましょう！

31

2022年10月12日

冷笑する者と現場にたたずむ者
——自衛隊弾薬庫問題に揺れる辺野古で

「座り込み抗議が誰も居なかったので、0日にした方がよくない?」

辺野古のキャンプ・シュワブのゲート前での座り込みが3000日の節目を迎えた数日後。「座り込み抗議3011日」と表示された看板の横でピースサインをして笑う男性がこうツイート(ネットに投稿)したところ、1週間でおよそ30万の「いいね」がつき、賛否4000ものコメントが殺到した。ネット用語でいう「炎上」である。

投稿した2ちゃんねるの創始者で実業家のひろゆきさんは「論破王」の異名をとる論客。YouTubeやネットテレビで活躍、若い世代を中心に大変人気があるのは私も知っていた。社会問題への指摘が鋭いなと感じたこともあるし、慈善活動もされていると聞いている。そんな彼が辺野古に来たらどう言うかな?と思ったこともあった。しかしその日私は午後早めに辺野古から引き揚げたのでニアミスだったのだが、事態は最悪の展開になった。

・「1日に1時間座り、土日は休み」という実態を『座り込み』と誇張する
・わざとおかしな人をリーダーにして、まともな沖縄基地反対派を増やさない作戦なのかな?
・すぐ帰る人ばかりなんですね

連投されるツイッター（現・X）の文面は、明らかに辺野古の抗議行動全体を嘲笑するものだった。翌日から「琉球新報」「沖縄タイムス」では数日、このひろゆき発言の波紋について記事が掲載され、沖縄県知事がコメントを出すに至った。ネットやラジオでは特集が組まれ、ジャーナリストの有田芳生（よしふ）さんは対談本の発売を取りやめた。文化人・著名人の中からも彼の言動を問題視する意見が続出した。しかし本人は「逆にフォロワー数が増えて困ってます」と炎上を喜んでみせた。

彼は辺野古のテントで、長年ずっと抗議活動を続けてきた山城博治さんに向かって「座り込みの意味を理解されていないと思うんですけど」という言葉を投げつけた。その直後に博治さんから電話。〝三上さん残っててくれたらよかったのに！〟と困惑した顛末（てんまつ）を聞いて、私はたまらない気持ちになった。そして、ちゃんとした情報で対抗しようと、辺野古の座り込みの歴史や人びととの想いを投稿したりしてみたものの、何か大事なものを傷つけられたような痛みを

持て余した。同じように戸惑い悲しむ仲間たちの途切れぬコメントを眺めて寝不足になった。

しかし、冒頭のツイートから7日後、「長年続けて効果が無かったことが明確になっても、関係者のプライドを守るために止められない」というひろゆきさんのツイートを見て、私は、1997年から続く辺野古の抵抗運動を見てきた人間として、この日々を「効果ゼロ」と切り捨てるほどの不勉強な人たちにも届くような報道をしてこなかった自分の問題なんだと、気持ちを切り替えることにした。ウェットなことを言っている場合ではない。同じような映像だと言われようと辺野古の抵抗の現場を撮影して世に出し続け、同じことを言っていると勘違いされても内容はどんどん変化していることも伝え続ける。

誰が、誰のために、どうやって抵抗しているのか。その苦しみを与えたのは誰なのか。傍観し加担している者の罪はいかほどか。解決する手がかりはどこにあるのか。逆にそれを阻むマイナスの磁場はどこから生まれてくるのか。それらのことをつかまえられる限りつかまえて、地道に伝えていこうと思う。近道は、たぶんない。額に汗して頑張ってきた人びとの行動を「効果がない」とあざ笑う人を「効果的に」とっちめる空中戦ではなく、引き続き積み重ねていくことで育つ説得力を信じたい。

だから今回は2022年秋の辺野古の現場を動画で伝える。同じように見えても、今の辺野古闘争の緊急の課題は「自衛隊弾薬庫」問題である。辺野古に関わったことがある人でも、その意味をご存じない人がほとんどではないだろうか。大事なことだから、ぜひ読んで欲しい。

「戦争の準備はやめろ」

「再びの沖縄戦を許さないぞ！」

10月4日のゲート前のシュプレヒコールである。新基地建設反対、海を埋めるな、などは初期からずっと続いてきたアピールだが、みなさんはこの声を辺野古で聞いているだろうか。実はこれはとても大事で大きな変化なのだ。

「自衛隊は戦争に行くな！」

「日本はアメリカの戦争に加担するな！」

今、最新で喫緊の課題は沖縄を戦場にさせないことである。そのためには自衛隊が使うことになる辺野古の基地を完成させて使わせることも、自衛隊の弾薬・ミサイルを大量に辺野古弾薬庫に運び込ませることも、止めない訳にはいかない。「新基地建設だから」「負担が増えるから」と反対していた時から事態はどんどん変化している。だから辺野古の問題は同じことをやっているとタカをくっている人こそ、今回の動画を見て情報をアップデートして欲しい。

今、辺野古から二見に向かう道の両側の木々は無残にも伐採され、景観がまったく変わってしまっている。目的は共同使用することになった自衛隊のためのゲートの建設ともいわれ、または弾薬庫の進入路の整備、ともいわれている。自衛隊がアメリカ軍キャンプ・シュワブを共同使用する。その目論見は15年以上前から私は指摘してきたが、去年大きく報道されたので説明はいらないだろう。肝心なのはその意味を理解しているかどうかということ。１９９６年に決まった、普天間基地を県内に移設するという新たな基地強化のたくらみよりも、もっともっとたちが悪い話になってしまっていることを、しつこいようだが理解して欲しい。

基地の共同使用と弾薬庫の共同使用の何が問題なのか？〝軍事拡大を続ける中国を念頭に〟沖縄県内にあるアメリカ軍の弾薬庫を自衛隊が共同使用するという日米政府の方針は今年5月に共同通信が伝えている。主なアメリカ軍の弾薬庫は嘉手納と辺野古にある。南西諸島の防衛を考えた時に、今、現地にある弾薬の量では到底、最前線部隊の戦闘を維持できないという焦りが防衛省内にあることは伝わってくる。防衛省の意向をストレートに伝えてくれる「産経新聞」によると、中国との有事に備えて、日本は今の20倍以上の弾薬を保持しなければならず、また第一線となる九州沖縄には全体の1割しかまだ運び込まれていないという（9月10日付）。兵站を整備しようにも、沖縄の反戦平和運動が強すぎて断念してきた経緯があるとして、その遅れは沖縄側の責任という書き方をしている。しかし急ぐのであれば嘉手納や辺野古の弾薬庫を使う秘策がある、その打開策として日米で着々と共同使用を進めている、ということのようだ。

〝台湾有事〟になればそのあたりが戦争に巻き込まれるだろう、という被害者面した政府の言い回しを漠然と信じている人びとは「足りないならもっと弾薬を用意しないと！　南西諸島に備蓄しないと！」と思うかもしれない。

でも、軍事武装している島はどうなるか。仮にミサイル発射基地となった宮古島が中国軍に占領された場合には、周辺の島々に日米共同で設置していく新たな拠点からミサイルを撃ち込み、そのあとに日本版の海兵隊といわれる水陸機動団が、九州や辺野古から逆上陸して敵を殲滅する作戦になっている。つまり、今のところ外国を攻撃することはできない自衛隊のミサイルは、自国の領土が敵に占拠された場合に奪還のために「国内に」打ち込まれる想定なのだ。占領された島に住民がたくさん残っていても、国土奪還のために弾が撃ち込まれる可能性は大である。ということは、今後大量にこの地域に運び込まれようとしている弾薬は、私たちの島を焼き、沖縄に生きる命に撃ち込まれるミサイルなのだ。用途をきちんと理解していれば、私たち沖縄県民は「弾薬はあればあるほど安心」などと思えるはずはない。

しかし、「反対運動」は、難しい局面に来ている。「米軍基地反対」だけなら一枚岩で大同団結できていても、次のようなことでは認識に差が出ている。それは、自衛隊が沖縄での戦闘を念頭に動いていることや、自治体も含めシェルターを含む有事の避難計画を進めようとしていること、自衛隊が南西諸島にどんどん武器弾薬を運び込むこと、日米共同訓練が頻繁になり北朝鮮や中国を刺激していることなどだ。これらは私の眼にははっきりと「沖縄を戦場にしてしまうこと」に直結するものなので看過できないが、米軍基地反対だけをめざしてきた人たちの中では、情報が足りなかったり関心が薄かったり、意見が分かれてしまったりする項目も多いと思う。今回の動画にあるような博治さんの主張は、まさに的を射ていると思うが、たとえば「オール沖縄という組織として」と言われれば全員が賛同できる部分ばかりではないというジレンマがある。「台湾有事」や自衛隊ミサイル基地をどう捉えるかについては、知識／認識によって、ばらつきがかなり出てしまっている。

そこで、私も発起人になっている「ノーモア沖縄戦　命どぅ宝の会」では、現在進行中の沖縄の危機に対する共通認識を持つために『また「沖縄が戦場になる」って本当ですか？』というブックレットを制作した。進行中の日米共同作戦計画をスクープした共同通信の石井暁記者が、再び沖縄が軍靴で踏みにじられるのを座視できないと記者生命を懸けて沖縄で講演した内容を完全収録している。「座り込みは誇張で意味がない」などとディスるような言説にいちいち対抗するよりも、このように、まともな情報をきちんと記録して世の中に出して、ちゃんと知るべき大事な情報がいっぱいあることを堂々と提示できたらと思う。

ところで、今回辺野古で出会った「うみさん」と呼ばれている若者について、短いインタビューを動画に入れているのだが、彼は、自分が生まれた年に名護市の住民投票で地域が分断され、それから自分が生きてきた時間ずっと、ここで苦い日々が続いてきたことを重く受け止め

通称「うみさん」は2023年末現在まだ辺野古に暮らし雑誌「うみかじ」を発行している

ていた。うみさんは何度目かの辺野古だが、今回は1カ月以上辺野古に住んでみるのだという。彼が見ようとしているのは反対運動をしている人たちだけではなく、基地移設先の当事者として長年暮らしてきた人びとの本音や、北部の人たちの立ち位置などであり、さらにもっと大きく、沖縄戦からずっと重い荷物を抱えてきた年月のことまで視界に入れようとしていた。そして、自分は外から来た人間として何ができるのかを考え続けているが分からない、とだいぶ言葉に詰まりながらも、それでも「ちゃんと、ここにいるんだよ」と言いたい、と話してくれた。その現段階での結論が私には心地よかった。

気になっていることや場所に、特に当てもないのに飛び込んで、若さと共感力で大事な何かを読み込んでいこうとする。私も、迷惑を承知でそんな行動を続けてきたクチかもしれない。学びたい、受け取りたいと思って飛び込んでくる人間に対して、迎える側も面食らったり、多少の摩擦を経験したりするだろうが、お互いに敬意を持っていれば、それを乗り越えて関係ができていくだろう。しかし、心を開いて話す用意もなく、突っ込みどころを探すかのような仕草で現場を訪れてチラ見していく若者が、テントにいる人から「まともな答えは返って来なかった」と書いても、それはそうだろうと思う。国を相手に長い闘いを強いられてきた現場にせっかくやって来たのなら、その行為が一方的に思えたとしても、せめていったんは彼らの言い分を聞いて欲しかった。ひろゆきさんは、米軍基地だけでなく、自衛隊に反対するなんて理解できないとも発言していたけれど、なぜ今、自衛隊が南西諸島にミサイルを並べているのか、どういう作戦が進行しているのか、知らない話も聞けたのではないだろうか。私たちは明日の命に直接関わる事態として、必死に情報を集めているのだから。

ひろゆきさんは「感情とか背景とかの話をしたがる人たちだ。ぼくの質問には答えてない」とあくまで「継続して座り込んでないものは『座り込み』じゃない」の一点で勝負したかったようだが、その小さなプレーコートに相手をおびき寄せて言い負かすことに、どれだけの意味があるのだろう？　答えが見つからなくても、辺野古にたたずんで考えてみる決心をしたうみさんのような若者の方が、大事なものをつかみ取る力や勇気を養うことができたのではないだろうか。同じ日に辺野古にいた2人の青年について、いろんな人が辺野古に来るものだなあ、とあらためて活火山のような辺野古の磁場の誘引力と面白さを思った。

32

南西諸島はすでに戦場なのか？
——日米共同軍事演習キーン・ソード始まる

２０２２年11月16日

今月10日から、「台湾有事」を想定した過去最大規模の日米共同軍事演習「キーン・ソード23」が始まっていることを、いったいどのくらいの日本人が意識できているだろうか？　日米合わせて3万6０００人が参加、艦艇約30隻、航空機約３７０機が投入され、宇宙・サイバー・電磁波作戦の訓練も実施する、かつてない臨戦態勢を思わせる大演習だ。今回は、日米のみならず、カナダ、イギリス、オーストラリアも艦艇や戦闘機を送り込み、共同訓練に初参加している。これだけの国々が「海洋進出をもくろむ中国をけん制する」として沖縄県や鹿児島の島嶼部と近海で中国を威嚇しているのだ。それを受けて、12日には中国海警局の船が領海侵犯したとか、14日には中国の無人偵察機と哨戒機などが沖縄本島と宮古島の間を飛行し自衛隊がスクランブル発進をしたとか、ニュース速報が国民を驚かせているようだが、これだけあからさまに中国を敵視した軍事包囲示威行動をこちらがやったのだから、中国も「舐めるな」と対抗するのは分かっていたはずだ。

しかし国民は分かっているだろうか？　どちらが先に脅しを始めたのか。今、大演習中と知らずに速報だけ聞けば見誤るだろう。それだけではない。これは南西諸島が「アメリカの中国封じ込め作戦」の舞台となる演習なのだ。今回、沖縄県内では民間の空港や公道を軍用車両が我が物顔で走り、ウクライナで注目を浴びた高機動ロケット砲システム、ハイマースが奄美大島に持ち込まれて公開され、与那国島では、初めて米兵が乗り込んで日米共同訓練が行われる。そして島嶼戦争用に開発された、タイヤを履いた戦車「16式機動戦闘車（MCV）」が県内初、与那国島で公道を走行する予定だ。

まさに、南西諸島はどこも戦場になるんですよ、と言わんばかりの状況に陥っている。今回の「演習」は「訓練」とは違う。演習というのは練習ではない。いざとなったらここで、こんな国々と、こんな軍事力を使いますよ、というフォーメーションを敵国に見せびらかす行為といった方がいい。それを抑止力と解釈し、国防に不可欠と頼もしく思う人もいるだろう。しかし、相手国はどう見るだろうか。中国・台湾に最も近い私たちの県土に次々にミサイルを置いていく行為が、強力に戦争を呼び込んでいるようにしか見えない。私たちがいることを忘れてミサイル戦争の準備に入ったとしか思えない。もはや辺野古などの「基地負担の増加」というフェーズは超えてしまい、「お願いだから、ここで戦争をするなんて言わないで」と泣いて懇願するような局面にまで進んできてしまった。そのことが、実感を伴って本土のみなさんのところに伝わっているだろうか？

今回の演習では、自衛隊車両が県民の財産である民間の港を使って70台も陸揚げされ、公道を走る。先週、それを止めようと身体を張って座り込む人びとが、機動隊に排除されていった。その様子は全国に報道されているだろうか？　このままでは第二の沖縄戦が始まってしまうと、さまざまな場所で抵抗したり集会が開かれたりしているが、それは本土の人は知らなくていいことなのだろうか？　そんなはずはない。今起きていることが、正しい情報と映像でちゃんと伝われば、「そんな、国土を使って戦争をすることに賛成した覚えはないぞ！」と怒り心頭の国民がたくさん立ち上がってくれるはずだ。そう信じて、私は現場の様子を撮影し編集しているのだから、どうか見てもらえないだろうか（動画参照）。

同じ沖縄に住み、ここを戦場にしたくないはずの沖縄県警に排除されながら、山城博治さんが叫ぶ。

「島を戦場にする。これはそういう演習なんだ。77年前の戦争、復帰して50年、ついにこういう事態がやってくるんですか？　警察がそれを率先して手伝うんですか？　沖縄の空域、沖縄の海域が戦場になろうとしているんです。沖縄県民が抵抗するのは当然でしょう？　県民には、抵抗する権利があります！」

中城湾港に駆け付けられなかった人たちは、沖縄県庁の前に集まって抗議の声を上げた。自衛隊に言われるまま、港湾や公道など民間地域の使用許可を「書類に不備がないから」とどんどん許可してしまう沖縄県庁にも、危機感を共有して欲しいという切羽詰まった想いもある。

危機感の共有といえば、与那国島は自衛隊問題が持ち上がってこの10年、宮古島はミサイル部隊が来ると報道されて7年、石垣島では反対運動が本格化して5年の間、「島々がミサイル発射台にされたら生きていけない」という危機を叫んできたが、沖縄本島は米軍基地問題にばかり力を入れて離島のSOSを受け止め切れていなかった。

「問題を共有する」
「恐ろしい事態が進んでいることを正面から受け止める」
「誰が誰を苦しめているのか、構図を割り出す」
この3つは、そんなに難しいのだろうか？

「沖縄県民はフロリダにでも逃げればいい」「沖縄の人は今、反対運動ではなく避難訓練をするべきでは？」などと書き込むネット民よ。軍隊と戦争を他人の土地に押し付けたつもりなのだろうが、今進められている日米共同作戦が本土も戦場にしてしまうものだと、何度言ったら自分のことだと気づくのか？

まだよく分からないという人は『また「沖縄が戦場になる」って本当ですか？』というブックレットを私たちの会でつくっているので、ぜひ入手して欲しい。沖縄が戦場になっても自分は助かると考えている知人や家族には、1冊500円なのでぜひ購入してでも渡して欲しい。今、関心のない人も犠牲者になるのだから。そしてあとで気づいても遅いのだから、今、危機を共有しなければ手遅れになってしまう。

先週、母の実家の足尾銅山（栃木県）に墓参りしたついでに、日光東照宮を48年ぶりに訪ねた。久しぶりに有名な彫刻の「三猿」、いわゆる「見ざる・聞かざる・言わざる」を見た。もともとは、悪しきものは見ない、聞かない、悪いことは言わない、という教えだそうだが、私には今の日本人がこの国を転落させた病巣を見る思いがした。不正義や矛盾があっても目をつぶり、楽なものしか見ない。困っている人の声は聞かない。誰かが声を上げないといけないと知っていても、自分が損をするから言わない。しかしそれでは、太平洋戦争に突き進んでいく日本をどうにも止められなかった戦前の愚かな日本人と何ら変わらないし、だからこそ同じ運命をたどろうとしているのではないか。

余談だが、この「三猿」は日本以外の国々でも少しずつ形を変えて教訓として使われているそうだ。異色なのは、今、私たち日本人を脅して、すかして、自己都合の戦争に協力させるばかりか土地を戦争に使わせてもらおうとたくらんでいるアメリカでも太平洋戦争の頃、原子爆弾製造を秘密裏に進める「マンハッタン計画」のためにつくられた街で、この見ざる・聞かざる・言わざるの3匹の猿を用いた看板が掲げられていた。そこには、こうあった。

「ここを出る時には、君たちがここで見たこと、聞いたこと、やったことは持ち出すな」

笑えない話である。彫刻の猿たちもさぞ、現代の国情を嘆いているだろう。

33

与那国島に戦車が走る——打ち砕かれた自立ビジョン

2022年11月30日

「与那国海底遺跡」をご存じだろうか。日本最西端の与那国島の海に、ムー大陸かアトランティスかと想像をかき立てる神殿のようなものが沈んでいる。自然の造形物か。はたまた未知の文明の痕跡なのか？　この海底構造物は衆目を集め、『神々の指紋』のグラハム・ハンコック氏をはじめ世界中の研究者も訪れ、2000年前後に大ブームになったのだが、実は私もその火付け役のひとりで、沖縄のテレビ局で全国向けに海底遺跡番組を連発していた。得意の水中リポートを駆使して嬉々として与那国に通いDVD「地球カタログ 沖縄海底遺跡」も出した。もともと、ジャン・ユンカーマン監督の与那国島が舞台のドキュメンタリー映画『老人と海』の大ファンで、ひとりで久部良の港に行き、カジキを吊るすカギ針を半日眺めて幸せを感じているような人間だった。与那国という島は、私の中ではとても思い入れのある特別大事な島だった。

そんな与那国島の未来に不穏な空気を感じたのは2007年のこと。「沖縄の人はゆすり・たかりの名人」という暴言で知られるジャパン・ハンドラーのひとりで、元アメリカ国務省日本部長のケビン・メア氏が在沖縄総領事だった時、彼は与那国の祖納（そない）港にアメリカ海軍のどでかい掃海艇を2隻も入港させた。補給や交流を口実にしていたものの、最西端の小島の軍事拠点化を狙っているのは明らかだった。当時、沖縄平和運動センターにいた山城博治さんをはじめ抗議団が与那国に飛び、接岸を拒否すべく座り込むなど港は大騒ぎになったのだが、船内パーティーやビーチバーベキューなどのアメリカ軍お手盛りの親善事業に取り込まれた島民も多かった。「親善に来た人たちにあまりにも無礼な振る舞い」などと住民に言われてしまいショックを受けたという話を、先日も博治さんが語っていた。しかし今となっては、島が軍事利用されるという彼の危惧こそ正しかったのだ。

ケビン・メア氏は、後日著書の中で「台湾・尖閣有事の際に与那国や石垣の港を作戦上使用する必要がある」と明言している。だから与那国島に自衛隊基地を造ればすぐにアメリカ軍も使うことは明らかだった。自衛隊誘致に反対した人たちは、基地ができればアメリカ軍の戦略の中で戦争の島にされてしまうと主張した。一方、誘致派はそれを否定した。島のリーダーたちは一貫して「自衛隊は入れても米軍は入れない」と明言していた。騙されたのはどちらか。

今月実施された日米共同の軍事演習「キーン・ソード23」で、ついにアメリカ軍が島にやって来た。海兵隊員40人があっさりと与那国に入って訓練をした。アメリカ軍は入れないと言っていた人たちは何の抵抗もできなかった。

それだけではない、南西諸島での戦闘を想定して開発された戦車が、今回の演習で初めて与那国島を走った。105㎜戦車砲をむき出しにした「16式機動戦闘車」は、キャタピラーではなくタイヤで走行するので、島民が日常使う公道を縦横無尽に走り回ることができる。戦車攻撃、つまり敵との上陸戦で活躍する殺傷力を持つ「戦車」が、島の子どもたちの通学路を走行するという信じられない光景が実際に展開されてしまった。

与那国を知らない人は、日本の最西端の小さな島だから、離島苦にあえぎ、過疎に苦しみ、自衛隊がもたらす税収や振興策、人口増加に飛びついてしまったのだろうと思うかもしれない。でもそれはまったく違う。2005年前後の平成の大合併の波をくぐりぬけ、与那国島は合併を拒否している。なぜか？

与那国島は、保革を超えて町民全体が一丸となって「与那国自立ビジョン」構想を立ち上げていた。かつて島の先人たちが交易の島として与那国をおおいに発展させていた歴史に倣い、すぐ隣の台湾との交流特区をめざして名乗りを上げたのだ。私は当時、那覇で報道する側にいて、与那国島の持つ底力に惚れぼれした。だから、２００７年のケビン・メア氏の目論見も与那国なら押し返せる、与那国を舐めるな、とまだ強気で眺めていた。沖縄の人間はゴーヤーもつくれない怠け者だと、言いたい放題の無礼な外国人の鼻を明かしてやれ！　与那国よ！と。

　当時の日本政府は地方創生をうたい文句に、地方が自主的に財政基盤を強化するよう促し、自らの財政難を乗り切ろうとしていた。小泉政権自慢の「規制緩和」を乱発し、既得権益で硬直化した社会をぶっ壊して、地域の実情に合わせ政府も汗を流すと大見得を切り「特区構想」を何次にもわたって募集した。それに夢をかけた与那国は、姉妹都市である台湾の花蓮（かれん）市に事務所を置いて、二国間の行政事情をすり合わせ、航空便・船便を試験運用し、課題を洗い出して人と物の流通をどうやって構築できるか試行錯誤していた。第7次特区申請、さらに形を変えて第10次特区申請にも応募。社会実験で実績を積み上げていた。

　２００７年、台湾事務所をつくって初代所長として精力的に動いていたのが、当時与那国町役場で自立ビジョンを担当していた田里千代基さんだった。台湾駐在中の田里さんの日記を見ると、台湾経済圏の枠組みの中で自由往来できる道筋をつけるべく、花蓮市の積極的なバックアップを受けながら、日々奔走していたことが見て取れる。解決すべき課題は多かった。たとえば、国際港湾は本来５０００トンの船が3隻横付けできるバースが必要であるとか、年間15万トンの輸出入量がなければならないなどの基準があるが、そこは離島のサイズに合わせた規制緩和を国が認めてくれればクリアできる。税関システム、航路、一つひとつのルールを見直すことで「経済交流特別区」を創出することは可能だという道筋も見えていた。当初は自民党の国会議員らの応援もあり、話は進むかに見えた。しかし、雲行きが変わったのは2007年だった。6月に、例のケビン・メア氏と掃海艇が島にやって来た。与那国島は多国籍の人流・物流拠点としての開かれた島であるよりも、国防の島、侵入を防ぐ要塞の島、アメリカ軍の不沈空母としての役割を果たしてもらわねばならぬ、という要求が突きつけられた。自立に向かって結集していた島民の夢は、日米政府から冷や水をぶっかけられた格好になった。

翌年から、元自衛官で参議院議員の「ひげの隊長」こと佐藤正久氏が頻繁に与那国に来るようになった。しかし、来ても島の中を歩かない。与那国空港の一室で町長や町議、島の実力者と会い、自衛隊を引き受けると、こんな事業もあんな振興策もできる、収入も人口も苦労せずに増やせる、といいことばかりを吹聴した。そしてほかの島同様、自衛隊誘致組織である「防衛協会」を島につくらせた。あとは協会に誘致署名を集めさせ、防衛省に要請させるのみ。一方で、重ねて提出される特区申請を国は認めない。与那国自立ビジョンは急速に色あせていった。

田里さんは言う。

「もしも特区申請が通っていたら、自衛隊誘致の声はあっても潰せたと思う。必要ないよ、と」

あと一歩だった特区構想は、国の思惑で潰された。それが牽引役だった田里さんの実感だ。

美味しいロールケーキが売りのカフェを経営する猪股哲さんも、与那国に移住して18年。自立ビジョンで団結していた島の熱い時期を知る人だ。

「もし自立ビジョンがあのまま実現していたら、自衛隊の問題はなかったんじゃないか。台湾と活発に交流する中で、軍隊がないと隣の国が攻めてくる、っていう発想は笑い飛ばせたと思う」

今回私が与那国で取材したかったのは、あらためてあの自立ビジョンは何だったのか？　誰に潰されたのか？という点。もうひとつは、現在進行形の軍事要塞化が、いかに島の人たちの気持ちを傷つけているかという問題だった。自衛隊誘致の動きに呼応し、島を軍事利用されたくないとすぐに立ち上がったグループが「与那国島の明るい未来を願うイソバの会」だった。外敵から島を守ったという与那国島の伝説の女傑サンアイ・イソバの勇ましい名前を戴いた市民団体で、女性が中心だった。彼女たちの活動は全国紙にも取り上げられた。しかし、住民投票に敗れ、石垣島や宮古島にも自衛隊基地が着工される中で、活動が見えなくなっていく。

前出の猪股哲さんもITに強く、SNSを駆使して与那国の問題を丁寧に発信して全国から応援の声が上がるまでになっていたが、住民投票での地域の分断がプライベートまで押しつぶし、厳しい状況に追い込まれていた。国や軍隊という組織を相手に市民運動を継続することは、どれだけつらいか。長期化すればするほど、組織は痛まずとも個人は痛んでいく。その理不尽はずっと見てきた。それだけに、糸数健一与那国町長が「島内に反対する人間は、今はほとんどいないと断言していい」と豪語するのを胸が締め付けられるような思いで見ていた。あんなに抵抗していた人たちが賛成に変わる訳はない。どんなに苦しいだろう。しかし、与那国島の激動期に大した取材もできず力になれなかった私には、今さら島に行ってインタビューする資格すらないのではないか。自分の中で、与那国に行くハードルがどんどん高くなっていた。それでも今回、意を決して与那国に撮影に入ったのは、逃げている自分といいかげんに決別したかったからだ。猪股さんは奇しくも私にこう言った。

「不都合なことが起きたから出て行くというのは性に合わなかった。そこに住みながら考えたり決着をつけたりしなければいけないこともある。それやったら（出て行ったら）負けかなと。自分が社会に変えられてしまわないためにも」

大事にしていた地域行事にも誘われなくなった。妙な噂（うわさ）も流された。彼の受けた精神的なダメージの大きさは、想像以上だった。今は畑仕事に救われて人間関係の再構築をしていると笑ってくれる猪股さんだが、分断の日々は現在進行形なのだ。それなのに彼の言葉は澄み切っている。

「南西諸島を戦場にするような状況を前にして、憲法を掲げている民主主義の担い手として、主権者のひとりとして、意見は表明しないといけないと思うんですね。不断の努力は、一人ひとりに課されているものだから。だから……どんなにつらくても、怖くても、いろいろ噂を立てられても、やるべきことは、やる」

留まる強さ。正視できる勇気。ダメージを受けることは免れないと覚悟しつつ、いつかは乗り越えられると自分を信じる力があるから、彼は逃げずに島にいる。傷つくことができるのも強さなのだ。弱ければ、自分が傷つくと予想した時点で逃げてしまうだろう。ひるがえって私はどうだ。外から眺めて、応援して、心配して、ハラハラしてるだけなのに傷ついたように振る舞い、与那国島に対して両の手足を引っ込めていただけ。なんというチキンぶりだ。映画『沖縄スパイ戦史』での与那国の撮影も、共同監督の大矢英代さんが八重山担当だからと行ってくれたことに内心ホッとしていたことを今、懺悔する。

2005年にはみんなが夢見た経済特区による自立。その同じ話を今、口にするだけで四面楚歌になりかねないという島社会の空気。誰が島の未来を捻じ曲げたのか。一番危ないロープにすがるように仕向けたのは、誰だったのか。

「自立ビジョンは、あきらめていませんよ」

そんな激流の中に立ってなお、田里さんは言い切った。「イソバの会」の女性たちも、怒りに震える声を精一杯戦車にぶつけ、公道に向かってくる戦車砲を正面から見つめるという仕事から逃げなかった。でも私は、「イソバの会」の狩野史江さんが「与那国に何で戦車なんか持って来るの！」と叫ぶ姿を撮り続けることができず、思わずカメラのスイッチを切ってしまった。泣いている彼女の顔の間近にカメラを押し付ける自分を瞬間的に嫌悪した。でもそれとて中途半端だ。そのあと撮影素材が何もないファイルを見て、自分は何をしに行ったのだ？とパソコンの前でイラつく。

戦車が去り、オフにしたカメラを手に呆然としていると、車で追いかけて撮影するはずの猪股さんも、放心したように現場でたたずんでいた。

「お、追いかけようよ！」と気を取り直して言う私に、「もう、いいかなあ。そんな気持ちになれないというか……」とうつろな目で彼は言った。

「でも、朝せっかく下見をしたんだし、撮ろうよ。記録しようよ」と言いながら、自分は鬼だと思った。私は1席しか空いていなかった帰りの便の時間が迫っていたので同行を断念、空港に残った。結局最後の戦車の映像は、仕方なく車で先回りした猪股さんが、ひとりで撮ってくれたカットである（動画参照）。

彼がどんな気持ちでカメラを回しているか、伝わるだろうか。私には、撮ってくれたことに感謝しつつもせつなくて苦しい、見るに堪えない映像に映る。そういう私こそ、チキンであり鬼であり、もう与那国への向き合い方が破綻している。こんな風に過去の経緯に振り回されてヨレヨレになった私より、別の人の方がよっぽどちゃんと報道の基本を踏まえて撮影できるだろうと思った。じゃあ私の仕事はいったい何なのか？　何のためにカメラを持って、つらいつらいと言いながら島をうろうろしているのだろう？

答えは、分からない。ただ今回ほど、正真正銘自分がかっこ悪いと自覚したことはない。猪股さんを見送ったあと、与那国空港のベンチで、私はどうにも自分を肯定できず、カメラを持つ手をただぼうっと見つめていた。

34

2023年2月1日

バケツリレーと安保3文書——意味のない訓練をやる意味

昨年11月末、沖縄県最西端の島・与那国島の「島民避難訓練」の映像が繰り返し全国ニュースで流れた。たったの20人しか参加しない田舎町の避難訓練が、なぜ全国ネットで流れるのか。それは、ミサイルの飛来を想定した訓練であり、最近実際に近くの海にミサイルが飛んできた島であり、「台湾有事」に最も近い島の訓練というイメージがあるからだ。が、映っているのは、コンクリートの公民館に逃げ込んで、窓のない部屋でしゃがんで頭を抱えるだけの間の抜けた姿。誰が見ても、これでミサイルから身を守れるのか?と目が点になるような映像だ。しかし各局が大真面目に、ニュースもワイドショーも繰り返しそれを流したさまを見て「こうやって利用されていくんだな」と私は苦いくやしさのようなものを抑えきれなかった。

「国境の島は大変不安だろう」

「いよいよ迫ってきたのか。国防をしっかりしないと」

「これは軍事費を渋っている場合ではない。増税もやむをえない」

このような映像を見せられれば、視聴者の関心はどうしても国防に向けられる。危機を煽れば煽るほど、軍拡増税のハードルは下がっていく。私はその時期東京にいたのだが、与那国の映像がテレビに映し出されるたびに、軍事費が「チャリン、チャリン」と投げ入れられていく感じがした。昨年盛んに特集された与那国の漁師たちの映像もそうだ。

「操業海域近くにミサイルが落ちた」
「逃げる場所もない。シェルターも必要では」

漁協を取材し、こんなセリフを引き出す「危機にある国境の島」的な企画も同じだ。スタジオではキャスターが「彼らが安心して漁に出られる、そういう国防でなければなりません」などと付け加える。

危機が煽られれば視聴者は、軍備増強や日米同盟や中国包囲網の構築も、好ましく思うようになる。しかし、戦争する国に国民を誘導する、そのアイコンに与那国島を使うのは勘弁して欲しい。島の豊かな文化や生活を描くことなく、国防に翻弄される姿だけ切り取って利用するのはやめて欲しい。悶々としながら沖縄に戻ると、安保3文書が出そろい、閣議決定へとあれよあれよと進んでいった12月。この国は今まさに、振り落とされそうな勢いで軍国主義へと突き進んでいる。

それが南西諸島にどう影響するか、安保3文書の閣議決定の内容を整理しておこう。

・「GDP比2%」をめざして5年で防衛費を倍増⇓世界第3位の軍事国家に。
・敵基地攻撃能力を持つ。敵基地に届く巡航ミサイルのトマホークと、自衛隊の「12式地対艦ミサイル」の飛距離を伸ばしたものは主に南西諸島に置かれる⇓専守防衛国家をやめたも同じ。
・「日本が主たる責任を持って対処」「同盟国・同志国と連携して現状変更を阻止」と明記⇓仮にアメリカ軍やNATO（北大西洋条約機構）の軍が不在でも、日本人が日本の国土で戦う覚悟を国際社会に宣言。
・「最大の戦略的挑戦」と厳しい言葉で中国を敵視⇓中国は「顔に泥を塗られた」と激怒。

つまり日本は、敵国への攻撃も先制攻撃も可能な世界第3位の軍事国家になり、日本人が主役になって国土で中国と戦う覚悟を内外に示した。国際社会が驚くほどの変化だ。その直後に閣議決定された2023年度の予算案の内容も含め、これで南西諸島は軍事化の激流にさらされていくことになる。

さっそく那覇駐屯地司令部や与那国島の自衛隊基地の地下化が発表された。シェルター建設に予算が付いたこともあわせて、これは防衛省がここにミサイルの雨が降ると認めたも同然である。

さらに今年、島々の港湾、空港の軍事利用強化が動き出す。EABOというアメリカ軍の作戦を可能にするための整備だ。海兵隊は、中国の反撃を避けながら小編成部隊で島々を転々としてミサイルを撃つ。だから各島に軍艦が接岸できる港、戦闘機F35が離着陸できる滑走路が必要になる。ところが政府は、住民避難のための港湾整備のように説明している。これに反対すれば、離島の安全確保のためのインフラ整備を邪魔するのか？と言われかねない。

沖縄じゅうに兵站基地が造られる。昨年、アメリカ軍の弾薬庫（嘉手納弾薬庫と辺野古弾薬庫）を自衛隊も共同使用する方針が固まったが、まだ足りないと、沖縄市池原（いけはら）の自衛隊沖縄訓練場に武器弾薬を保管する補給拠点を造る計画が発表された。ただでさえ嘉手納弾薬庫を抱えて万が一の心配をしてきたのに、と沖縄市では反発の声が上がっている。

こうして反対の声ばかり増えては防衛省も頭が痛いのだろう。今回、とんでもない「3億円の交付金」が予算化された。アメリカ軍や自衛隊の訓練に協力した自治体に「訓練交付金」を出すという。自分の島で戦争準備をしないで、という声を封じる札ビラとして税金が使われる。

さらに酷い話は、アメリカ軍が沖縄に無人ミサイル発射機を置くことだ。確かに、ミサイル発射拠点は瞬時に暴露されて反撃を受けるから、地対艦ミサイルを無人で発射すれば米兵は死なずに済む。しかし発射に使われた島々に死傷者が出るのは防げない。EABOでミサイルを撃って移動する作戦もそうだが、残った島人は反撃にさらされる。これら数々の恐ろしいことを、県民の了解なしで決めていくのが「国の専権事項」だとしたら、この国は「国防のためには民主主義を停止させて構わない」と認めたも同然だ。それはもはや民主主義国家ではない。とんでもない状況が今、どんどん生まれているのだ。

そんな最悪の年明けを迎えた沖縄で、新年早々いやなニュースが入ってきた。なんとあの与那国でやったのと同じ避難訓練を、県都・那覇市でもやるというではないか。「X国から弾道ミサイルが発射された」想定で1月21日土曜日に実施されるということで、あわてた市民が5日前から毎日、那覇市役所の前に立って「危機を煽るミサイル避難訓練は即刻中止して」と声を上げげた。これは団体ではなく、いち早く動いた数人が核となって始まった抵抗で、当日の訓練現場では70人までに増えていた。

参加者は、口々に納得できないと憤る。そもそも、ミサイルを発射するX国とはどこなのか。なぜここに飛んで来るのか。那覇市の地下駐車場に住民を避難させるというが、それで安全だという根拠はあるのか。30万人あまりの那覇市民が隠れられる地下施設はないが、いざという時はどう指示をするのか。那覇市は国と一体になって戦争の危機を煽るのか。抗議する人びとは那覇市に回答を求めた。根本的に「備えあれば患いなし」にもならない、市民がさらに不安に陥るような訓練をする意味はどこにあるのか？

先の大戦で、全国各地域で取り組まれた「バケツリレー」。地域の安全は自分たちで守ろうと勇んで消火訓練を繰り返したが、アメリカ軍が投下する焼夷弾の前にまったく機能しなかった。日々の「竹やり訓練」も、実際に鬼畜米英を殺すことはなかった。両方とも、役にも立たないとんだ笑い話なのだが、しかし令和の私たちは、もう笑えない。

「そんなことやったって無駄でしょ？　それより今は必死に戦争しない方法を考えるべきでは？」
その当たり前が言えない空気、みんなで団結するべき時に協力しないとまずいという思考停止はもう県や市町村を挙げて始まっている。

戦時中、火事も消せなかったバケツリレーが、いったい何の役に立ったのか？　それは、国防婦人会が地域社会の非協力的な人間を炙り出すのに役立った。いったんバケツリレーに参加したらもう、竹やり訓練に移行する流れには逆らえない。銃後の社会を乱す「非国民」は誰か。不安と欠乏は、憎悪を注ぎ込む相手を求める。「あなたのような人がいるから負けるのよ！」と叩く相手を探す。

バケツリレーと竹やり訓練が実際に機能するかどうかは、実はどうでもよかった。心の戦争準備と思考停止、それを浸透させるツールとして見事に機能したのだ。振り返って、今回の避難訓練はどうか。動画を見てもらえれば分かるように、「これでミサイルから本当に身を守れるかどうか」は、きっと誰も真剣に考えてはいない。参加した人たちは、国に協力し、地域に協力した。自分に課せられた仕事以上の意見は言わない。何もしないよりはいい、と不安も紛

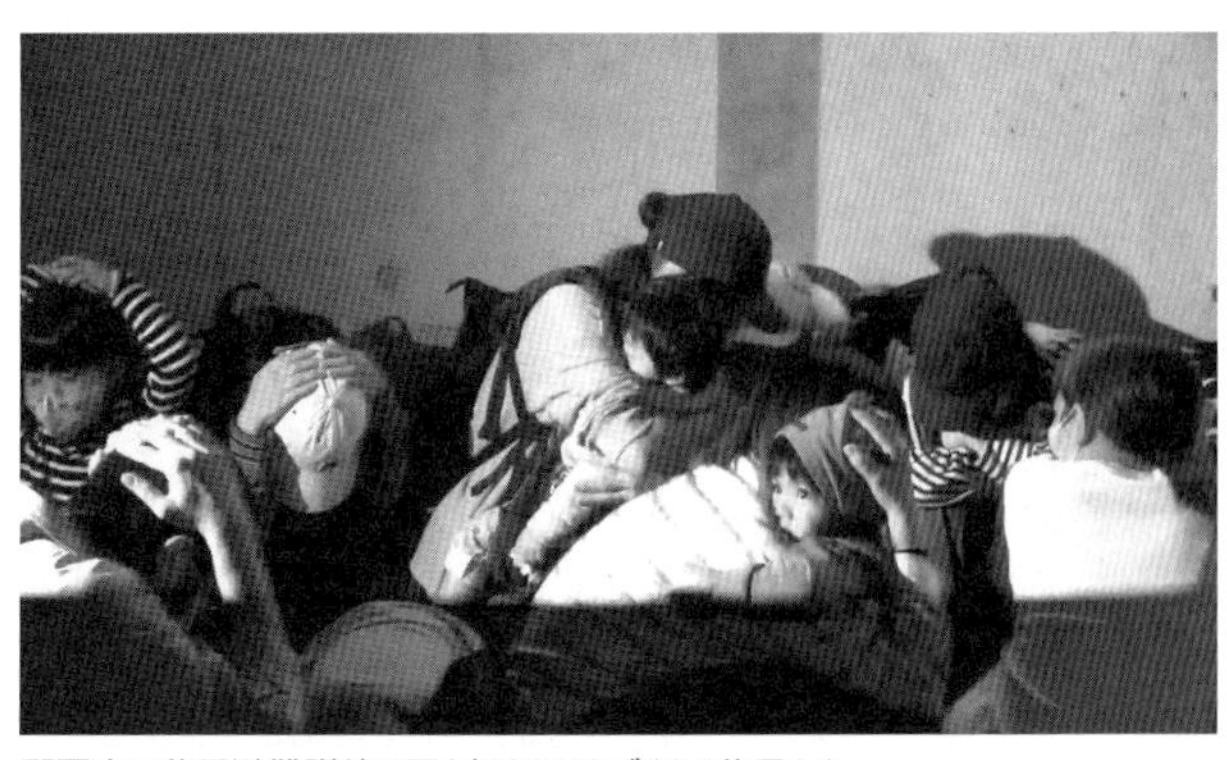

那覇市の住民避難訓練で頭を押さえてうずくまる住民たち

れた。少なくとも、一生懸命やっている消防団員を困らせるような抗議などはしない。

「それのどこが悪いの？　何が問題なの？」と言うかもしれない。そこが肝だ。それこそが戦争協力であり、多くの人を死に追いやった戦争を動かす原動力になっていったのだ。ここが分からないと、また戦争を起こす側になるのだと私は厳しく問いたい。防災訓練の皮をかぶっている戦争訓練に協力するのですか？　またバケツリレーを始めるのですか？と問わなくてはならない。早くも非国民を炙り出したいのですか？と問わずにはいられない。

3月には沖縄で、台湾有事を念頭に、離島住民の避難手順を具体的にたどる大規模な図上訓練が予定されている。もう待ったなしなのだ。国・沖縄県と離島の

5市町村が、民間の輸送手段を使って九州まで避難させるシミュレーションを実施するという。これら「国民保護法」に基づいた訓練と称するものが、これからあらゆるレベルでどんどん繰り返されていくだろう。最初のいくつかで止められなかったら、もう異議を唱える者は排除される、そういう空気に支配されるのは時間の問題だ。そうやって素直に「国民保護」という言葉を信じ、逃げることと隠れることに埋没した大衆には、もはや戦争を止める力を持ちえない。だからこそ、逃げる訓練をする前に、冷静な頭のうちに戦争を止めようと抗議に集まった人たちは叫んでいるのだ。

午前10時。ミサイルが発射された体で、サイレンが鳴る。「ミサイルが発射されたとみられます」という機械的な男性のアナウンスが流れて、みんなで地下に移動。地下駐車場では壁に沿って座り、頭を抱えてミサイルをやり過ごすポーズをとった。10時8分にミサイルは通過したという。そんな「ごっこ」なのだが、地下室の様子、頭を抱える子どもたちのおびえたような顔を見て欲しい（動画参照）。笑い話のような訓練のはずが、78年前、暗いガマの中でおびえていた子どもたちの姿を想起して絶句した人間は私ひとりではないだろう。訓練に参加した、ある若いお母さんは言った。

「参加してよかった。でも、抗議する人の声で指示が聞こえなかったのが残念だった」

彼女は反対運動の人たちに訓練を邪魔されたと感じたのだろう。しかしお母さん。あなたがあの日聞くべきだったのは、本当に避難を指示する声だったのか。「避難より戦争を止める方が先でしょ!?」という叫びにこそ耳を傾けるべきではなかったのか。

避難先の本土のどこかで、仮設住宅暮らしを始めてからでは遅すぎる。生まれ島で安心して子育てを続けたいと思うのなら、今こそ「そもそも何で沖縄が戦場にならなければいけないの?」という問いに正面から向き合って、この流れを一緒に止めて欲しい。今、必要なのは、バケツリレーに参加することではなく、地下を掘ることでもなく、まだ間に合うから、と仲間を誘って「隣の国と仲良くしたい」と叫ぶこと。未来の子どもたちに渡す沖縄がどす黒い戦雲に呑み込まれそうになっていることを知らせ合って、みんなで暗雲を吹き飛ばす行動力ではないだろうか。

35

日本に弾薬庫が増えていく意味

2023年2月22日

安保3文書が国会審議も経ずに閣議決定されて、全国的には「軍事費の拡大」と「増税」が大きく問題視されている。また、「反撃能力」という名で敵の軍事施設を攻撃し、事実上の先制攻撃も可能なミサイルを保有すること、つまり専守防衛の仮面を脱ぎ捨てたことを最も問題だと考える人もいる。

しかし私に言わせれば、今回の安保3文書で一番の恐怖は、同盟国や同志国と共に日本が主体となって侵攻する敵と戦うと宣言したことであり、その攻撃力のシステムを結局、南西諸島に集中させる方針が明確になったこと。まさに安倍政権がつくった「戦争できる国」は菅政権、岸田政権と進んで「ここで戦争する国」へと変貌し、私たち沖縄県はいよいよ戦場にさせられる日が近づいたと恐怖に震える。予算案を見ると恐怖はより具体的になる。

・那覇に司令部がある陸上自衛隊を増強、師団に格上げの調査設計費用に2億円

・その司令部の地下化に向けた調査に1億円
・自衛隊那覇病院の大幅拡充と地下化、建て替え検討に1億円
・沖縄市池原の自衛隊施設に弾薬燃料などの補給拠点の準備費用に2億円
・与那国島の電子戦部隊新設に38億円
・与那国に新たにミサイル部隊を入れるための用地取得費、金額未公開

「ここで戦争しますよ」と言わんばかりの体制がこれだけ予算化され、着々と進んでいくことについて、不思議なほどに全国の関心は薄い。

自衛隊による南西諸島の軍事要塞化にいち早く警鐘を鳴らしてきた軍事ジャーナリストの小西誠さんは、「今となっては軍拡反対・軍事費2倍化反対、改憲反対の一般的なことだけを主張するのは、琉球列島軍事化の容認だ」という厳しい意見を繰り返し述べられている。

この言葉に付け加えるなら、南西諸島を犠牲にするまやかしの「抑止力」がどんどんむき出しの暴力となって南の島々の暮らしを潰していくことを正視せず、情報を集めもしない平和活動家が、閣議決定の積み重ねですでに破砕されている9条をいまさら「守れ」と叫び続けるとか、「安倍政治云々」「辺野古の海を守れ」「増税反対」という看板を掲げ続けるだけだとした

ら、私も「今、そこですか？」と素朴な疑問をぶつけてみたくなる。

南西諸島から火の手が上がればすぐさま日本全体に燃え広がり、国土が戦場にされるという流れがここまで見えているのに、熱心な平和運動家でも目を背け続けるのはなぜだろう？ 今回の短い動画を見て、この文章を最後まで読んで欲しい。

今回の動画は、沖縄本島のほぼ中央に位置する沖縄市の「弾薬庫建設反対」緊急集会だ。沖縄市といえば、極東最大の空軍基地「嘉手納」の門前町として発展した地域で、アメリカ軍が闊歩し多国籍な空気の漂うコザという町が中心にある。占領時代には、鬱積したアメリカ軍の圧政に反発したコザ騒動があった場所としても知られている。その最も人通りの多いコザの十字路で、1月25日夕方、急遽「自衛隊の弾薬庫建設反対市民集会」が開かれた。

広大な嘉手納基地を抱える沖縄市の、どこに自衛隊の基地があったのか？と思った県民も多かったと思う。嘉手納弾薬庫の一角が返還された場所に、陸上自衛隊の射撃訓練場が設けられ「陸上自衛隊沖縄訓練場」という名前であることを私も今回初めて知ったのだが、そこに補給拠点を設けるための検討費用が2億円計上されたのだ。補給拠点とは、弾薬や航空燃料などを備蓄し、前線に補給する施設である。要はアメリカ軍の嘉手納弾薬庫の隣に日本の弾薬庫を造っておこうという話だ。去年、すでに嘉手納弾薬庫と辺野古弾薬庫を自衛隊も共同使用する方針が決まっているが、それだけでは想定される戦闘を継続するのに到底足りないということなのだろう。

「戦闘継続」とは何のことか？　安保3文書を受けて軍事戦略の専門家がメディアで提案していた「統合海洋縦深防衛戦略」という計画を聞いて私も愕然としたのだが、日本は攻撃を受ける事態になっても、すぐに白旗を上げて戦争を終わらせる訳にはいかないということで、防衛研究所・防衛政策研究室長の高橋杉雄氏が作戦を示している。彼の言い方はこうだ。

米中の対立になった時に、アメリカは勝てるのか？　勝てないのか？　高橋氏によれば、中国の戦力はアメリカ軍の7割だから勝てはするそうだ。ただし、世界中に配置されているアメリカ軍がすべてただちに中国戦に参加する訳にはいかないから、彼らが駆けつけるまでに日本は半年～1年時間を稼げばよい、として「統合海洋縦深防衛戦略」を推奨する。「縦深作戦」つまり、一定の攻撃を覚悟しながら敵を縦に誘い込んで長期戦に持ち込む戦略をとる、という話なのだ。

私は沖縄戦の本を書くにあたって必死に旧日本軍の古い資料を読む中で「縦深作戦」という言葉に初めて出会った。たとえば1944年のサイパン戦までは、日本軍は敵の上陸を何としてでも阻止したいと、島の海岸線の防御を重視した。だが物量に勝るアメリカ軍にすぐに突破され、上陸されたらあっという間に組織的な戦闘は終わってしまった。その教訓から日本軍は島嶼防衛の形を切り替えた。結果は同じ玉砕であっても、いくつも防御ラインを設定して敵を中心部まで誘い込む「縦深作戦」に転換。その結果、沖縄戦はあのような戦いになったのである。

上陸地点となった北谷〜読谷の海岸線で日本軍はまったく抵抗することなく、アメリカ軍の上陸を許し、順番に日本軍の布陣する砦に誘い込んで司令部のある首里に向かって戦線を徐々に南下させていった。確かに「長く敵の足を止める」「多くの出血を強いる」縦深作戦の狙いは達成したかもしれない。しかし内陸部に引き込んで戦う戦略は、住民に多大な犠牲が出る。それが予想できたにもかかわらず、縦深作戦を採用した責任者は、今からでも戦争犯罪を問われるべきではないだろうかと私は思っているくらいだ。

問題なのは、自衛隊が沖縄戦の作戦の反省と責任をうやむやにして今に至っていることだ。まさか令和の時代になって、再びこの「縦深作戦」なる言葉が語られなおすとは！　アメリカ軍が来てくれるまでの時間稼ぎ!?　戦略家は、最後に勝てばよい、と考えるものなのだろうか？

島嶼の戦いは備蓄してある弾薬や燃料・食糧が尽きれば戦闘は終了である。だから平時に備蓄しておかねば話にならない。対中国戦になったら、日本は西側諸国の期待に応えて、持久戦を覚悟しなければならないらしい。負けてもらったら困る、と物資を送り込む他国の応援も受け入れながら、ウクライナのように、終われない戦争になる可能性が高い。だから、弾薬庫をどんどん造る意味をちゃんと理解したい。弾薬が豊富にあれば自衛隊も心強いだろうなどという話ではない。十分な備蓄があれば持久戦が展開できる、やがてアメリカ軍が本気を出して加勢してくれるだろうと、それまで時間を稼ぐ作戦を可能にするための準備なのだ。

冗談じゃない。これではまるで沖縄戦の二の舞である。沖縄の人びとは当時砲弾の雨の中でも、ここは厳しい戦いでも日本全体では勝っているのだろうと信じていた。こちらに向かっているという戦艦大和(やまと)さえ逆上陸してくれれば一気に形勢が逆転すると信じて待っていた。とっくに沈んでいる大和を待っていたのは住民だけではない。騙されて戦っていた沖縄戦の日本兵たちも、加勢が来ると信じて歯を食いしばっていたのだ。その歴史を知っていながら、なぜそんな涼しい顔をして「縦深作戦」などと言えるのか。防衛省の専門家は当然、過去の日本軍の戦略を熟知している。分かっていながらも、「こうすれば勝てる」と考えてしまうのが軍人脳だとしたら、到底ついていけない。そんな判断を信じて命を預けることなどできっこない。

弾薬庫をどんどん造っていくことがなぜ怖いのか？　暴発の危険、爆発の連鎖で敵の攻撃以前に死者が出ることもある。しかし一番の恐怖は、有事には真っ先に攻撃対象になることだろう。ただし、それだけではない。たくさん備蓄があると、軍の上層部は「3カ月は持つ」とか、「半年は戦える」と考えるものなのだということを肝に銘じておくべきだ。どういう戦争が想定されているのか、私たちは考えないといけない。それはシェルターでしのげる期間なのか？

逃げるタイミングはあるのか？　ところで国内に、安全なエリアなどあるのか？

そこまで考えをめぐらさずとも、結局答えは最初から1つしかないのだと思う。ほかの国がどう言おうと、隣の国とは仲良くするしかないということ。腕力を使って相手の考えを変えさせるという発想は、ここまでフォーメーションが見えてきた段階では命取りにしかならない。これは、「家の近くに弾薬庫ができたらいやだよね」という基地負担レベルの話ではないのである。

弾薬庫の問題は、今後日本中で持ち上がってくるだろう。先週発表されたばかりだが、防衛省は敵基地を攻撃可能な「スタンド・オフ・ミサイル」も保管できる大型の弾薬庫を大分市の陸上自衛隊大分分屯地と青森県むつ市の海上自衛隊大湊（おおみなと）地方総監部に2棟ずつ新設する。このほかにも、奄美の陸上自衛隊瀬戸内分屯地や、海上自衛隊の横須賀地方総監部や舞鶴地方総監部にも弾薬庫を新たに整備する計画だという。

「有事に組織的な戦いを継続する能力を確保する」ために新年度予算案に58億円を計上、10年かけて弾薬庫を130棟まで増設するというニュースを聞いて、これが「国土を戦場にする時間稼ぎの縦深作戦に備えたものだ」と理解できる人はどのくらいいるだろうか。

これだけの戦争準備に反対しなかった今の日本国民は、すでに戦争を覚悟していたと後世の人びとにはジャッジされても仕方がない。戦争を肯定したつもりなんてない、と言うなら、戦争の準備がどこでどう進んでいるのか、ちゃんと把握して、分かった人から隣の人に伝えていこう。そして戦争を止める心の準備をしておこう。みんなが日々の選択肢の中で戦争から遠ざかることだけを選びとり、戦争に近づく芽を逃さず摘んでいく感覚を備えていけば、軌道修正は不可能ではないはずなのだから。

36

2023年3月8日

海を越えて　世代を超えて
——2・26緊急集会に1600人結集

「怒りや憎しみの言葉が飛び交う場所には行けない」

「○○反対！　○○するな！　出て行け！などのネガティブワードではない何かを……」

　こんな意見が次々と若い世代から出された。そのたびに運営会議は何度か緊張した場面に直面した。この不協和音は吉と出るのか、それとも？　今までにない展開に私は興味津々だった。

　沖縄を戦場にしかねない国防策が次々に報道される中で、もっと県民全体で声を上げようと企画された緊急集会。安保3文書が出た直後に「ノーモア沖縄戦　命どぅ宝の会」が個人や団体に呼びかけて、2月26日の開催に向けて急遽準備組織が動き出した。と言っても、ノーモアの会は連絡係的な存在に過ぎず、どんなメンバーで何をやるのか、主眼をどこに置くのか、誰を実行委員長にするのか、まったく一から手探りで決めていくその過程は、平坦ではなかった。

　2カ月足らずの間に7、8回の全体会議、運営会議が行われ、正直しんどかった。母体も予算もない個々人の横一線のつながりで、よくも短期間に集会が組めたと思う。最終段階では70

以上の団体が「団体として」賛同してくれた形になったが、当初集まった時にはすべての人が、団体に属していても「個人参加」で、回を重ねる準備会に参加してもらって、どんな組織や集会になっていくのか見定めたうえで、団体で参加を決めてくれればという順序だった。すると、最後の1週間ほどでどんどん参加団体が名乗りを上げ、うれしい悲鳴となった。

過去の沖縄の大きな県民大会は、いつも県庁や市町村、教職員組合や労働組合などが組織力を発揮してバスを出すなど動員をかけてきたが、このようにまったく新しいつながり方で集会を開く試みは、かつてなかったと思う。中心になって呼びかけ議事進行を担った山城博治さんら中心メンバーの負担は相当なものだっただろう。

しかし、思い切って一歩踏み出した人の周りには、必ず同じように踏み出したかった仲間が集まるものだ。今まで辺野古や高江で顔を見かけたおなじみの人も、まったく初めてお目にかかる方もいて、また会議に参加した年齢層も90代から20代までと実に幅広く、多様な意見が出てどうまとめていくのか気が遠くなる場面もあった。特にこういう場にほぼ参加しない20代、30代が何人も来てくれて、しかも年功序列の風習が根強い沖縄社会では珍しく、はっきりと意見を言った。スローガンやデモのあり方が、若い人には入りづらい。言葉が怖い。明るい未来が想像できるような希望の持てる表現を模索したい。怒りや否定ばかりでは……。それに対して理解を示す人がいる一方、戸惑うベテラン勢も多かった。

「ミサイル反対という代わりにラブとかピースを強調しても目的がぼやけるのでは？」

「若い人は自分たちでそういう会を別に持ったらいいんじゃないですか」

　大先輩たちからこう言われてしまっては、沖縄の優しい若者は普通、遠慮してしまうところなのだが、29歳になる瑞慶覧長風さんはきっぱり反論した。

「それは、そっちで勝手にやればいいと、ぼくたちを切り捨てるということですか？　シニア層と若者をつないで大きな力にしようとその方法を考えているのに、あまりにも残念です」

　瑞慶覧長風さんは南城市の市議会議員。父親の瑞慶覧長敏さんは元国会議員、元南城市市長で、祖父の瑞慶覧長方さんも長く県議会議員を務めたという政治家一家に育っただけに、肝が据わっている。これに対しては先輩の方も、切り捨てたと思われたら心外です、そんな意味ではなかったと言い直して、会議のあとでも対話は続いていった。ほどなくお互い笑顔で話す関係になっていて、これを見ていたもっと若い人たちはきっと、一瞬対立した形になっても、受け止めてもらえ、乗り越えられるんだという自信になったと思う。運動の現場を取材している中で、あまり見たことがない新鮮な場面だった。

　また別の運営会議の場でのことだが、スローガンを5つに決めようとアイディアを出し合っていた時のこと。「空港・港湾を軍事利用するな！」「安保関連3文書は憲法違反だ！」「ミサイル・弾薬庫はいらない！」などが並ぶ中で、介護の仕事をしながら平和ガイドも務める30代の平良友里奈さんが言った。

「あの、ひと枠だけでいいので、スローガンを若者に決めさせていただけないでしょうか?」
7、8種類挙がっているのをどうやって5つにするかでおじさん・おばさんたちがウンウン唸っている時に、丸々枠ごとくれというのはなかなか思い切った意見だ。具体的な文言はありますか?と聞かれて彼女が出したのが「争うよりも愛しなさい」だった。
ベテランの女性たちが笑いながら言った。

「愛しなさいって言われてもね~。沖縄に犠牲を強いる政府を愛せって、無理でしょ」

「愛しましょう、なら分かるけど、愛しなさいって上から目線じゃない?」

平良さんは、この言葉は沖縄出身で全国的に人気のラッパーであるRude-α(ルードアルファ)さんの「うむい」(想い)という曲の歌詞にある彼の「おばあの言葉」なので、語尾を変えたりはできないと話す(2022年の慰霊の日の動画〈233頁〉でもこの曲はすでに紹介している)。ラップの部分もあるが、全体的には広い世代に受け入れやすい優しい曲調で、沖縄の歴史と平和への想いが歌われているとても素敵な曲だ。しかし会場のほぼ全員がRude-αと言われてもピンとこないようで、議事は暗礁に乗り上げたように見えた。

その時に博治さんが空気を変えた。「よし、それを一番頭に持ってこよう!」と言ったのだった。個別の主張とは別に、大きな哲学がまず最初にあってもいいじゃないか。博治さんの英断で、若手の3人の顔がパァッと明るくなった。ちゃんと受け止めてもらった。そう思った瞬間だったのかもしれない。「争うよりも愛しなさい」というスローガンはそんな風に決まった。満場一致ではなかったが、かなりの時間を費やした準備会議の場で、当初はぎくしゃくしているようにも見えた世代間のギャップが確実に埋まっていく過程を目の当たりにした。

ギャップと言えば、自衛隊が離島に進出しミサイル基地を新設していった問題について、最初から沖縄本島の関心が薄かった。問題が「自衛隊問題」と矮小化されたり、オール沖縄体制の中で日米安保の是非はコンセンサスがないという問題があったりで、なかなか全県で取り組むことができなかった。

それについては、宮古島で自衛隊ミサイル基地問題に早くから取り組んできた上里清美さんが、動画でもぴしゃりと述べているように、沖縄本島の離島に対する歴史的な差別を持ち出したくなるほどの、長い年月の放置とも言える状況があったと思う。県庁に陳情しても県の問題

国道58号線をどこまでも続くデモ行進

として報道されず、防衛省に陳情しても沖縄県が動いていないから相手にされない。「人頭税」という、首里王府が先島に強いた残酷な税制を思い起こさせると彼女は言う。離島の人たちは死に物狂いで働いて厳しい税を納めても、翌日から家族に食べさせる分にも不自由したという過酷な制度だった。それが廃藩置県のあとも長らく残っていた。沖縄本島の人にとって宮古・八重山地域のことはどうでもいいのか?という虚しさはあっただろう。

しかし今回は遅まきながら、離島の各現場で闘ってきた中心メンバーに交通費の補助を出して集会に参加してもらえることになった。当日の会場からのカンパで幸いまかなうことができた。おかげで、自衛隊との共存が始まっている与那国島や宮古島、そして今月開設予定の石垣駐屯地の様子などを直接聞く機会を持つことができた。

よって今回の緊急集会は、世代間のギャップと、離島と沖縄本島のギャップの2つを埋めていく大きな一歩になったという意味でも、歴史的な集会だったと思っている。私の見立ては大げさに聞こえるかもしれないが、参加者の高揚感は、ぜひ動画を見て欲しい。ようやくここまで来た。こういう場をつくって欲しかった、という意見をたくさん聞くことができた集会だった。

実は、私たちは1000人をめざすと豪語しながらも、配布資料を500部しか刷っていなかった。それが1600を超えたと聞いた時は感慨深いものがあった。那覇の街に、最後尾がまったく見えないほどのデモ行進が進んでいくさまを見るのは何年ぶりだろうか。主催者が用意したカードではなく、参加者が持ち寄った思い思いのゼッケンやプラカードも新鮮だった。家族連れや若者が交じっている姿も久々に見た気がする。それだけ、沖縄が戦場になるという危機感が広がってのことだから単純に喜ぶことはできないが、黙っていては平和は守れない、何もしなければこのとんでもない国防策を受け入れたことになってしまうという認識を共有する人が増えることが、何よりの希望である。

いつもは打ち上げに来ない具志堅隆松さんも参加した夕方からの交流会では、離島からの参加者も、また若者組の笑顔もあふれていた。次は大きな公園で、数千人単位の屋外の集会を成功させて、夏には万単位の県民大会をめざす。そんな大きな目標も無理ではないかもしれないという話も出ておおいに盛り上がった夜だった。

37

敗北を撮るということ――石垣島に陸自ミサイル基地完成

2023年3月22日

「これで防衛の空白が解消され抑止力が高まる」

陸上自衛隊トップの吉田圭秀（よしひで）陸上幕僚長は記者団に胸を張った。

3月16日、沖縄・石垣島に陸上自衛隊石垣駐屯地が開設された日。全国ニュースでは「南西シフトの空白解消」という防衛省が使う言葉を各社がなぞって記事を書いた。「南西シフト」の意味も「空白解消」の欺瞞も理解していない記者たちから国民へ、生ぬるくて正体不明の安心感のようなものが手渡された。こうして何かぼんやりと、安全に近づいたようなニュースとして受け取った人びとは、まったく違う角度から映した今回の私たちの動画を見て何と言うだろうか。

今日から始動する石垣島の自衛隊基地の前で、最後まで「歓迎していませんよ」と意思表示をする人たちの姿を記録するために、私は石垣島に入り、窓のないホテルの部屋で鬱々とした朝を迎えていた。早朝のＮＨＫニュースでは男性解説者がこう説明していた。

・これで国防上の空白が埋まった
・ただ戦争中マラリアで苦しんだ住民には、歴史的に複雑な感情がある
・島が攻撃対象になる不安もある
・政府には丁寧な説明が求められる

どの項目も零点だ。島の運命が決定的に変わってしまった今日という日の朝に、こんなことしか言えないのか。同じテレビ報道に携わってきた人間としても憤懣やるかたない。

南西諸島の島々は長い間、「国防上の空白」などと位置付けられてこなかった。誰でもウェルカムな南の島々、日本中から世界中から愛される海と空が美しい島。それをむさぼり楽しんできた側の人間が、一方で「無防備な島」「ちゃんとしてくれないと私たちにも被害が及ぶ」と評するのは、あまりにご都合主義ではないのか。裸で泳ぎ、トライアスロンで島を一周して満喫し、帰りに「でもミサイルのひとつは置いておいた方がいいよ」と言い残して帰る。そんな国民から「国防上の空白地帯」と名指しされるのは、まさに砂を噛む思いがする。

何よりも、島々に自衛隊施設を増やしていくこの8年に繰り返し使われた「政府は丁寧な説明が求められています」という謎の締めコメント。聞くだけでうんざりする。

人の住む島を要塞にしていくこと、弾薬を積み上げていく国防政策そのものの是非には絶対に踏み込まず、「説明不足」だけを問題にする。つまり、私たち沖縄に住んでいる側が怖がったり怒ったりしすぎていて、取り乱しすぎてうまく呑み込めていないだけで、丁寧に説明すれば落ち着くだろうという前提だ。それは、「丁寧に説明すれば解決する、沖縄県民が理解できていないだけ」と言っているに等しく、まったく人を馬鹿にしている。「南西諸島防衛」という文脈の中で島嶼県である私たちが飲まされてきた煮え湯について、歴史的な理解があれば到底言えないコメントだと思う。

私は今から、新しい自衛隊駐屯地を見ると敗北感や怒りでやるせなくなるのに歯を食いしばって抵抗の意思を示すために集まる島の住民たちを撮影しに行く訳だが、こんな風に政府寄りに記事を丸め込むキャッチャーが報道部で待つ放送局の記者じゃなくて本当に良かった、とリモコンのスイッチを強く押して現場に向かった。

市街地を抜けて北に向かうと、雄々しい於茂登山系のふもとに、緑を削り込んで横一文字に広がる石垣駐屯地が見えてくる。石垣島らしい景観が台無しになった。西側には、まだたくさんのクレーン車や工事車両が作業中だ。未完成のままの「編成完結」だからなのか、宮古島では開設の日に編成完結式をメディアに公開したが、石垣はこの日報道陣を中に入れなかった。だから今日開設というのに、駐屯地正門前は比較的静かで、抗議の意思を示すために集まった人の数も50人に満たない。自衛隊誘致をめぐる住民投票を求める署名が1万4000筆あまり集まった石垣島である。反対している人びとは、本来かなりいるはずだ。

さらに安保3文書では、宮古島や石垣島に配備される12式地対艦ミサイルの飛距離を伸ばすことが明記された。つまり敵基地攻撃能力を持つミサイルを島に受け入れる格好になる訳だが、このことについて、誘致派の市議会議員からも一斉に反発の声が上がっている。それなのに、自衛隊スタートというこの日の朝に、なぜこんなに人が少ないのだろうか。

映画『標的の島 風かたか』で石垣編の主人公のひとりでもある、於茂登地区で農業を営む嶺井善さん。彼とは8年前からのお付き合いだが、自衛隊始動の日が近くなるにつれて電話の声は暗くなる一方だった。

「いろんな取材が集中して来るわけ。ぼくはもう区長でもないのにさ。みんなが断るからこっちに来ているだけなんだけど、次から次から、〝どんなお気持ちですか〟って。どんな気持ちって言葉にならないって言ってるのにさ、こればっかり聞くさ」

駐屯地の地元の集落の中では、今さらプラカードを持って突っ立っても何になる？という無力感が強く、駐屯地開設にあたって抗議行動の足並みもそろわない。かといって何もしなければ、もうあきらめて容認したのかと解釈されても困る。嶺井さんは頭を抱えていた。怒りの矛先を見つけきれず、その一部はメディアに向けられる。

「とっかえひっかえ記者が来て、初めましてって。名刺を渡すわけさ。8年前からこれだけ来てくれたらね、状況はもっと変えられたんじゃないのって。でき上がってから、どうですかって来るんじゃなくてさ」

その言葉は私の胸も突き刺した。私たちは8年前の、石垣にミサイル基地が来ると発表された当初からずっと取材してるのだから、その列には入っていないと思いたいが、もっと報道でどうにかできたのではないか、という点では力不足は否めない。そして「負けちゃいましたけどどうですか?」という場面を撮りに来ているハエのようなメディアの一員、と言われても仕方がない。敗北を撮影しに来たのかと煙たがられても、仕方ないのだ。

嶺井さんのつらさは分かる。地域から、よしっ! 行ってこい!と送り出されるのでもなく、いやな質問をされることを覚悟しながら、最も見たくなかった自衛隊基地のゲートに立つなんて、嶺井さんにとって何ひとついいことなどない。また矢面に立つだけ。また分断を目にするだけ。誰からもありがとうとも言われないこの役割は、なんなの?と。

今回の動画にもある、嶺井さんがゲートの前で訥々と話す言葉を、私は胸がえぐられる思いで聞く。敗北感にまみれても、損な役回りだと思っても、逃げずに現場に来てマイクを握ってくれたことに心から敬意を表する。しかしどんなに敬意を持っても、一緒に胸を痛めても、その動画を大事な島に住む人たちの声として世に出そうと今後努力をするとしても、私たちが嶺井さんたちを楽にしてあげることはもうできないのだ。

8年前に取材を始めた時には、カメラで追いかけまわして申し訳ないと思いつつも、これで、先祖が文字通り石にかじりついて開拓した土地をまた基地によって追い出されるという理不尽を止めるために機能したいという希望があった。全国の人に知ってもらえば。反対の声が多数になれば。住民投票が実現すれば止められるかもしれない。私たちなりに必死で取材力とカメラで「要塞の島」に向かう流れを変えようともがいてきたのだ。でも、もうそれは難しくなってしまったのに、何を撮るのか。もうしゃべる言葉はないと言う人たちにマイクを向ける暴力をなぜ続けようとしているのか。

2013年の『標的の村』に始まって5年間に4本のドキュメンタリーを世に出してきたが、2018年からの5年間、私が撮影記録をまとめ切れていないひとつの大きな理由はその辺にある。負けていく沖縄を記録する意味。映される人にとってもつらく、カメラを回す方もつらく、見せられる方もつらい映画って何だろう？ ウィンウィンという言葉があるが、ルーズルーズ？ なんと言ったらいいのか分からないが、そんな映画を1500円以上出してまで見ようという人がこの世にいるのか？ 答えが出ないので作品にできないでいたというのが正しいかもしれない。それでも貯金を切り崩し、自分の時間を極限に削ってできる範囲で、撮影は手を抜いてこなかったつもりだ。しかし手元に溜まっていく危機感と敗北に満ちた映像たちを、この連載にぶつける以外に、さして何もしてこなかったこの5年間だった。

ところが2月のことである。プロローグにも書いたが、長野県で、沖縄とつながりながら平和を模索してきたある団体が、この映像を見る会を企画してくれた。暗に「三上さんが次の映画をつくってくれないから」という意味なのかなと苦笑しつつ、コメンテーター的に参加したのだが、私自身も現場で撮影して編集して百も承知の映像のはずなのに、5、6本まとめて見たら苦しさを感じてしまった。そして予想もしていなかったことに、鑑賞後に意見を言う人たちが、涙ぐみ、言葉に詰まり、あるいは嗚咽するほどの悲しみを表したのだった。

私の手元に溜まっている映像は、みんなが「なぜこんなことになってるんだ」と泣いちゃう映像なんだと、あらためて知った瞬間だった。それで私は、たとえ敗北しかない映画になったとしても、今年は1本映画をつくるということを決心するとともに、発表してきた過去の映像を中心に新作映画のスピンオフ（番外編）という形で45分の動画を制作した。それを、「見る会」をやりたいという希望者を募って無償で貸与する企画を始めた。

これから発表する新作映画の形もないうちに「スピンオフ」はおかしいとか、公開前の映画の素材を無償で世に出すのはどうか、など内外から疑問の声もあったが、今沖縄で起きていることが世の中にあまりにも伝わっていないこと、それがすなわち日本の危機だということの正しい理解が圧倒的に足りないことを解消するためには、この映像は役に立つはずだという認識に狂いはないと思う。であれば、私は映画監督として称賛されるために撮影をしてきたのではなくて次の戦争を止めたいという想いだけで続けてきた仕事なのだから、これから映画に含む素材も、そうでないものも、今見ておいて欲しい映像を先に世に出すことに何も抵抗はなかった。

ただ、映画作品ではなくバラバラの出来事の羅列動画として届けることにこだわった。つまりナレーションや音楽や起承転結はつけない、いわば野菜の乱切りの提供であって、皿を用意し塩コショウをかけるなりして、参加者がちゃんと呑み込めるよう、主催者は仲間うちで見るにしても、自分で感じて帰れるようにフォローをする必要が生じるようにした。そこがこの企画の肝なのである。

石垣港に入港するミサイル積載船を見て涙を流していた山里節子さん

私からこの映像を預かる人は、お金をとっていないので私にとっては「観客」ではない。受け身ではなく、一足早く映像を受け取って、一緒に戦争を止めたいと能動的に走ってくれる人という位置付けである。走りながら映画の完成を待っていてくれる伴走者になって欲しいのである。この映像が敗北を映し、頑張れなくなった人を映していたとしても、それを受け取った人がまだ頑張れる人たちであれば、映像に記録した意味はあったのである。

この沖縄の記録映像を見ることをきっかけにして、頑張れなくなっている人の分まで頑張ろうという人が、この国の各地にウゴウゴと春のつくしのように顔を出してきてくれたら。それぞれが戦争を止めるブレーキになるんだと意識して仲間を増やしていってくれたら。絶望の映像が希望を生む瞬間に立ち会えるかもしれない。

エピローグ

祈ること・歌うこと

ラストまでお読みいただいたみなさんには、最後にあらためて本を閉じ、カバーの絵を見て欲しい。小型でがっしりした与那国馬にまたがり、髪を振り乱し暗雲に突き進む少女の姿。鞍(くら)も付けず、たてがみをつかんで膝で馬を挟み、暗雲を蹴散らそうと挑むその表情は見えないが、阿修羅のごとくであろうか。彼女の着物は与那国島の織り。馬の左目は傷ついている。一方で、本の裏側に配置された絵は優しい。ヤギと心を通わせるあどけない少女が描かれている。実はこの2人の少女は、同一人物という設定だ。

毎日、日が暮れるまで草原でヤギと遊んでいた島の少女。裏表紙の絵は、ヤギに食べさせる草を刈った原っぱが弾薬庫に変わってしまった、宮古島保良に住む下地茜さんのイメージでもある。あの物静かな茜さんが市議会議員にまでなったのは、何としても保良の暮らしを守りたいという並々ならぬ想いがあったのだろう。しかし、宮古島市議会は保守優勢の男社会。そこで奮闘する茜さんが帰宅後にヤギと過ごす場面は、まもなく（2024年3月）公開の映画『戦雲』でも印象に残る。

石垣島の山里節子さんは子どもの頃、農耕で足が泥だらけになった馬を海に入れて洗ってやるのが日課だったそうだ。お転婆だった節子さんは男の子みたいにたてがみをつかんで馬に飛び乗って遊び、3回も落馬して頭にカンパチ（傷痕）が残っているという。

与那国島には、女傑サンアイ・イソバの伝説がある。大きくて力持ちで、島を蹂躙（じゅうりん）する輩（やから）から与那国を守ったというイソバにちなみ、自衛隊誘致反対を掲げた女性たちは「イソバの会」を名乗った。でも自衛隊基地が完成し、同じ島で生活が始まってからは意思表明すら難しくなった。それでも自衛隊の戦車が運び込まれた時は、泣きながら戦車の正面に立って抗議をしていた狩野史江さんや山口京子さんの姿は、私には満身創痍（そうい）のサンアイ・イソバに見えた。つまり、傷ついた馬と共に困難に立ち向かっていく表紙の少女は、島々で闘っている女性たち全体の象徴なのだ。映画の中で彼女たちは抗議し、怒り、悲しみのとぅばらーまを絶叫する。しかし本来の姿、穏やかな島で暮らしていた幼い頃の姿は、裏表紙のヤギと少女のようだったに違いないのだ。

宮古島・石垣島・与那国島の闘う女性たちの肖像を描いてもらえないかと、神奈川県在住の日本画家の山内若菜さんに相談してみた。若菜さんとはあるイベントで出会い、彼女の絵本を読んで衝撃を受け、いつか私が大事に思うものを絵にして欲しいと漠然と考えていた。与那国島の撮影に同行しませんかとお誘いしたら、二つ返事で飛んで来てくれた。

滞在中、100枚以上描いたのではないか。若菜さんは堰を切ったように、行く先々で、移動中の車中でも筆を走らせていた。見たものを描くだけではない。映画づくりの中でまだ定まらないイメージを私が話すと、一を聞いて十を理解し、即座に和紙をつかんで描き始める。与那国馬、戦雲に立ち向かう少女というキーワードを伝えると、若菜さんはすぐに「おしらさま」ですね、とつぶやいてまた描き始めた。私は胸が躍った。

最愛の馬と結婚して天に上り、地域を守る神さまになった岩手県遠野の「おしらさま」。私も大学時代に遠野で買った「おしらさま」の壁掛けをずっと大事にしているような人間なので、彼女の解釈がうれしかった。福島・広島・長崎などをテーマに、特に動物たちの姿を通していのちの声を描き出してきた若菜さんならではの深いひらめきだと思った。

神と自然と共同体。動物と人間。それらが境界線なく溶け合っている、過不足ない豊かさがまだまだ満ちあふれている南の島々の姿を見ようともせず、ただの不沈空母としか見ない痩せた感性。そんな感覚しか持たない人々によって突然島にねじ込まれたミサイルと軍隊。その異物を体外に吐き出すのに正攻法が通用しないなら、島に息づくいのちの霊性を束ね、先祖も巻き込み、神を内在させるほどに島の力を引き出しながら闘っていくしかない。特に南西諸島では霊力を持つのは女性とされている通り、根源的な闘いを構築するのは、まさに霊性の高い女たちの仕事なのだと思う。

「祈るだけでは平和は来ないけれど、祈りなしには平和はつかめないのよ」

山里節子さんのこの言葉の意味を、私はずっと考えている。人間は、叶わないと分かっていながら祈るとか、願い続けるのが不得意だ。学力が到底及ばないと分かっていて東大を受験する人はいない。財力がないのに高級車を欲しがったりもしない。手に入らない、達成できないと落胆する自分を見たくはないからだ。

ならば人は「自分にはそんな力がない」ことを理由に何も望まない方が幸せだろうか。理想を描いたりしない方が、傷つかなくて良いのだろうか。故郷の自然がどんどん壊されても座視し、友達の人権が蹂躙されていても、見ぬフリを決め込む、その方が本当に楽だろうか？

宮古島や石垣島の民謡や祭りの祝詞(のりと)の中に「世(ゆ)ば直(なう)れ」という言葉が頻繁に登場する。たとえば今、私たちは日照りや飢饉に襲われていたり、首里から来た役人に重税をかけられて苦しんでいたり、酷い目に遭ってはいるが、世の中はいつかはちゃんと治まり、秩序は整い、神がもたらす豊かな暮らしを謳歌できる時代が必ずやって来る。弥勒神がもたらす豊穣、みんなが幸せで不足のない世界「弥勒世」がやって来るよ、それまでの辛抱だよと励まし合って苦難を乗り越えてきた先人たちの、希望を保ち続けることを可能にする祈りの言葉が「世ば直れ」なのである。

2023年3月、石垣島に自衛隊基地が開設された日、入り口に集まった人々がみな険しい顔をしている中で、節子さんは笑みさえ浮かべてこう言った。

「大丈夫。今日からは撤去に向けて頑張ろうねって、おばあたちの会で確認したの。八重山の古いことわざにね、ナチンバーライン……っていうのがあって。つらすぎて、泣いても笑っても、居ても立ってもいられない、それなら歌を歌って暮らすしかない、という意味ね。先島地域は長い間、琉球王府の『人頭税』に苦しんだから、理不尽な迫害を乗り越える歌や知恵が豊富にある。その力を借りながら、世直しを、これからも続けていくしかないから」

実現は難しくても、理想を心に描くこと。叶わないと分かりながら、祈ること。普通ならしんどいと思うことをなぜ、彼女たちはできるのか。ひとつの答えは、島の先人たちの残した知恵や哲学が、言葉や歌や踊りとなって、すでに身体に滲み込んでいるからなのだろう。

強い力を持つ政府や軍事組織に盾ついても折れるだけ、と知っているから、弱い人間は物分かりのいい側に回り抵抗をやめる。なのに島々に生きる女性たちは、満身創痍でも馬にまたがって天を翔(か)け、暗雲を蹴散らそうと踏ん張っている。それは、都会の核家族世帯で育った私などがもらえていない財産、つまり、いつかは「弥勒世」がやって来ると何百年も歌い継がれてきたビジョンが、先祖や共同体と共有できている強さなのだと思う。

だから、表紙の少女の姿は、とても切なく、救ってあげたい存在でもあると同時に、理想を描くことも闘うこともあきらめ、抗う手段すら知らない者たちにとっては、人間が本来持っている力と尊厳を体中に漲(みなぎ)らせているスーパーヒーローであり、神々しくも映るのである。

山内若菜さんの並外れた感性と画力が、それを十二分に具現してくれている。だからこの本を閉じた後も、この与那国馬に乗った少女が本棚のふと目に入る位置に置かれて、叶わなくても祈り続ける胆力をそっと支える存在になってくれたらと願う。

しかし状況は刻一刻と悪化しているように見える。宮古・石垣・与那国などの先島地域は、いつの間にか「島外避難地域」に指定されてしまった。昨年（2023年）4月、与那国島のホームページに「避難実施要領」が掲載された。島民およそ1700人を一日で島外に出すことが、計算上は可能となっていることにまず驚く。9月にはその具体的な内容を説明し、意見交換する「説明会」が各集落で開かれた。住民は、国が武力攻撃予測事態、と認定したら即座に与那国島を出ることになる。船と飛行機に分かれて石垣島を経由し九州に行くという、大味な旅行行程図のようなものを渡され、参加者は困惑の表情を浮かべる。荷物はひとりリュック1つまで、集合場所までは原則として各自徒歩で、ペットがいる人は船で、等々。特定の状況を想定したものではありません、とのエクスキューズがあるが、同じ「要避難地域」の中でも沖縄本島とその周辺は「屋内避難」になっていることから考えても、「台湾有事」が念頭にあることは明らかだ。


若い牧場主の男性が発言した。

「町内旅行みたいですね。おやつはいくらまで持って行っていいんですか？」

誰も笑わなかった。彼は続ける。

「おかしくないですか？　自衛隊が島にいた方が安全だ、抑止力だと言って自衛隊を入れたんですよね？　より安心だからとミサイル部隊まで引き受けると町長は言ってる。なのに、なんで真っ先に逃げなければいけない島になってるんですか？」

説明に立つ町の職員は答えに窮した。彼らは国の指示で避難実施計画をつくったに過ぎない。そしてスクリーンに１９８６年の三原山噴火の際に伊豆大島の１万人が避難した事例が大きく映し出され、全島避難と帰還の段取りがモデルケースのように紹介された。１万人が無事帰島完了した先例があるのだから、１７００人の与那国にもできると。しかし参加者はその欺瞞を見抜いていた。

「それは災害救助法の下だから、自衛隊さんが全力で動いてくれた。国が生活基盤の復旧もしてくれたでしょう。でも今回は武力攻撃事態法（武力攻撃事態等における国民の保護のための措置に関する法律）でしょう？　自衛隊は作戦で手いっぱい。ミサイルで潰れた家や牧場を国が補償してくれるんですか？　法律には書かれてないが、元に戻してくれるというなら、ぜひ今、ここで約束して欲しい」

すると、住民という立場で参加していたひとりの自衛隊員がたまらずに挙手し、発言した。

「助けないんじゃないか、と言われますが、そんなことはありません。少なくとも我々は町民避難を最優先に考えています！」

この隊員の気持ちに偽りはないだろう。彼が誠意をもって地域の行事に参加している姿は何度も見ている。だからこそ私は泣きたい気持ちになった。離島奪還を中心とした日米共同作戦の中で、真っ先に犠牲になる可能性が高い与那国島の部隊の隊員が、それでも住民を守ると言う。沖縄戦の構図とダブる。沖縄守備軍も、玉砕ありきで見捨てられた軍隊だった。食糧や弾薬の補給もなく退路を断たれた軍隊は、追い詰められて島民の生活基盤も命もすべて消耗品のように使うしかなかった。そのことは前著『証言　沖縄スパイ戦史』に詳しく書いている。二度と住民を手にかけるような兵隊をつくり出してはならないし、自衛隊員の命や国境に生きる人々の命と引き換えの国防などを妄想すること自体、金輪際やめてもらいたい。与那国島の豊かな自然と暮らしは、何ひとつ汚されずに存続が保証されねばならないはずだ。

島の自衛隊は災害救助隊に生まれ変わって、歓迎されて共にハーリーを漕いで島で暮らす。子どもたちがどんどん増えて教室が足りなくなり、村祭りの出し物が延々と終わらず、隣の台湾からも大勢の観光客が押し寄せる。そんな夢想こそ、今、必要なのだ。臆病者は、非現実的だと嘲笑するだろう。叶わないことを願う強さを彼らは知らないから。

できるかできないかではなく、あきらめずに夢想し続けられる力こそが、負のエネルギーに支配されないために必要な才能なのだ。幸い、私は島々を歩いていてそんな知恵や言葉を持った人たちに出会う確率が高い。先祖から受け継がれてきた宝物を持っている人から教わることがとても多い。泣いても笑ってもダメなら、歌うしかない。最後は歌なんだ！　祈りなんだ！と知る。戦雲を吹き飛ばすまで、歌と祈りを止めない人たちにもっともっと出会いたいから、相変わらず肝は据わっていないけれど、やっぱり私はこの仕事を続けていきたい。

三上智恵

２０２４年　正月吉日

「三上智恵の沖縄〈辺野古・高江〉撮影日記」掲載期間中で本書未収録回のリンク

＊なお『証言 沖縄スパイ戦史』(集英社新書)に掲載した回は割愛した。

2017年1月18日　第63回
自衛隊配備を問う!　宮古島の市長選挙

2017年1月25日　第64回
自衛隊配備と闘う母親たちの選挙　その結果は…

2017年4月19日　第69回
罪を犯しているのは国ではないのか〜博治さん法廷へ

2017年8月2日　第71回
高江から宮古島へ〜雪音さんと育子さんからのエール〜

2017年11月22日　第77回
埋め立て資材の海上運搬始まる〜抵抗する国頭村の人々〜

2017年12月20日　第78回
逆境に向き合い続ける力〜続く事故・進む埋め立て〜

2019年1月23日　第87回
「県民投票潰し」とハンガーストライキ

2021年6月16日　第103回
軍隊に監視される社会でいいのか?
〜重要土地規制法成立と宮城秋乃さんの家宅捜索〜

三上智恵（みかみ ちえ）

ジャーナリスト、映画監督。毎日放送、琉球朝日放送でキャスターを務める傍らドキュメンタリーを制作。初監督映画「標的の村」（二〇一三）でキネマ旬報文化映画部門一位他一九の賞を受賞。フリーに転身後、映画「戦場ぬ止み」（二〇一五）、「標的の島 風かたか」（二〇一七）を発表。続く映画「沖縄スパイ戦史」（大矢英代との共同監督作品、二〇一八）は、文化庁映画賞他八つの賞を受賞。著書に『証言 沖縄スパイ戦史』（集英社新書、第七回城山三郎賞他三賞受賞）、『戦場ぬ止み 辺野古・高江からの祈り』『風かたか「標的の島」撮影記』（ともに大月書店）などがある。

戦雲 要塞化する沖縄、島々の記録　集英社新書一一九九N

二〇二四年一月二二日 第一刷発行
二〇二四年八月 六 日 第二刷発行

著者……三上智恵
発行者……樋口尚也
発行所……株式会社集英社
東京都千代田区一ツ橋二-五-一〇　郵便番号一〇一-八〇五〇
電話　〇三-三二三〇-六三九一（編集部）
〇三-三二三〇-六〇八〇（読者係）
〇三-三二三〇-六三九三（販売部）書店専用

装幀……新井千佳子（MOTHER）
印刷所……大日本印刷株式会社　TOPPAN株式会社
製本所……加藤製本株式会社
定価はカバーに表示してあります。

ISBN 978-4-08-721299-0 C0231

Printed in Japan

証言　沖縄スパイ戦史

三上智恵

1011-D

陸軍中野学校「秘密戦」の真相
証言と追跡取材で迫る、青年将校の苦悩と
少年兵が戦った沖縄戦、最暗部の記録

軍隊が来れば必ず情報機関が入り込み、住民を巻き込んだ「秘密戦」が始まる——。

第二次大戦末期、民間人を含む二〇万人余が犠牲になった沖縄戦。第三二軍牛島満司令官が自決し、一九四五年六月二三日に終わった表の戦争の裏で、北部では住民を巻き込んだ秘密戦が続いていた。山中でゲリラ戦を展開したのは「護郷隊」という少年兵達。彼らに秘密戦の技術を教えたのは陸軍中野学校出身の青年将校達だった。

住民虐殺、スパイリスト、陰惨な裏の戦争は、なぜ起きたのか？

二〇一八年公開後、文化庁映画賞他数々の賞に輝いた映画「沖縄スパイ戦史」には収まらなかった、三〇名余の証言と追跡取材で、沖縄にとどまらない国土防衛戦の本質に迫る。

「被害者だけでなく加害側、虐殺を命じた側の視点からも
語り直していくことによって、そこで起きたことが立体的に見えてくる」
——荻上チキ氏（評論家）

「映画『沖縄スパイ戦史』を
見終わった時の感慨を遥かに上回る、
切迫感をともなうファクトの重みを
喉元に突きつけられた。」
——金平茂紀氏（TBS「報道特集」キャスター）

第20回 石橋湛山記念
早稲田ジャーナリズム大賞
草の根民主主義部門 大賞（早稲田大学）
第7回 城山三郎賞受賞（角川文化振興財団）
第63回 JCJ賞受賞（日本ジャーナリスト会議）
第10回 日隅一雄・情報流通促進賞奨励賞
（日隅一雄情報流通促進基金）